新型农民现代农业技术与技能培训丛书

枣园艺工培训教材

编著者

张　文　臧国忠

张亮亮　李玉奎

金盾出版社

内 容 提 要

本书是"新型农民现代农业技术与技能培训丛书"的一个分册,由中国农业大学园艺学院专家编著。该书在简要介绍枣园园艺工需具备的基本素质和专业基础知识的基础上,重点介绍了枣园艺工应掌握的专业知识和操作技能。内容包括枣树优良品种选择,枣树苗木繁育,枣园建立,枣园土肥水管理技术,枣树整形修剪技术,枣树花果管理技术,枣树病虫害综合防治技术,果实采收与贮藏技术等。文字通俗易懂,表述深入浅出,技术先进实用、可操作性强。具有初中以上文化程度的农民通过培训或自学,可初步掌握枣树栽培管理技术,基本具备枣园艺工岗位的业务和技术素质。亦可供农业院校相关专业师生阅读参考。

图书在版编目(CIP)数据

枣园艺工培训教材/张文等编著．—北京：金盾出版社,2008.9
(新型农民现代农业技术与技能培训丛书)
ISBN 978-7-5082-5242-1

Ⅰ.枣… Ⅱ.张… Ⅲ.枣-果树园艺-技术培训-教材 Ⅳ.S665.1

中国版本图书馆 CIP 数据核字(2008)第 129619 号

金盾出版社出版、总发行
北京太平路 5 号(地铁万寿路站往南)
邮政编码：100036 电话：68214039 83219215
传真：68276683 网址：www.jdcbs.cn
封面印刷：北京 2207 工厂
正文印刷：京南印刷厂
装订：桃园装订厂
各地新华书店经销
开本：850×1168 1/32 印张：4.25 字数：98 千字
2008 年 9 月第 1 版第 1 次印刷
印数：1—10000 册 定价：8.00 元

(凡购买金盾出版社的图书,如有缺页、
倒页、脱页者,本社发行部负责调换)

新型农民现代农业技术与技能培训丛书

编委会

主 任

唐运新　谭祜德

委 员
（按姓氏笔画排列）

王清兰	邓望喜	史德宽	任克良
刘　新	孙双全	李　钦	李合生
李治民	李泽炳	李晓军	沈火林
张　建	张元恩	陈国平	陈章久
陈黎红	肖发沂	郑世发	施森宝
黄明双	曹克驹	曹尚银	彭中镇

序　言

中共中央、国务院[2007]1号文件明确指出，加强"三农"工作，积极发展现代农业，扎实推进社会主义新农村建设，是全面落实科学发展观、构建社会主义和谐社会的必然要求。是加快社会主义现代化建设的重大任务。

我国农业人口众多，发展现代农业、建设社会主义新农村，是一项伟大而艰巨的综合工程，不仅需要深化农村综合改革、加快建立投入保障机制、加强农业基础建设、加大科技支撑力度、健全现代农业产业体系和农村市场体系，而且必须注重培养新型农民，造就建设现代农业的人才队伍。

胡锦涛总书记在党的十七大报告中进一步指出，要培育有文化、懂技术、会经营的新型农民，发挥亿万农民建设新农村的主体作用。

新型农民是一支数以亿计的现代农业劳动大军，这支队伍的建立和壮大，只靠学校培养是远远不够的，主要应通过对广大青壮年农民进行现代农业技术与技能的培训来实现。金盾出版社在对农业岗位培训进行广泛调研的基础上，与中国农业大学老科技工作者协会、华中农业大学老教授协会等单位共同策划，约请数百名农业专家、学者参加，组织编写了"新型农民现代农业技术与技能培训丛书"（以下简称"丛书"）。"丛书"坚持从现阶段我国青壮年农民的文化技术水平出发，突出现代农业技术与技能的传授，注重其先进性和实用性；"丛书"以教材形式编写，共有88个分册，涉及81个农业岗位，除水稻农艺工、蔬菜园艺工、蔬菜植保员、果树植保员分南方本和北方本外，其他均为一个岗位一本培训教材，以方便县（市）、乡（镇）、村组织新型农民培训和农业企业进行岗位培训时选用。"丛书"的组编和出版,还得到了河北农业大学、沈阳农业大学、西北农林科技大学、甘肃农业大学、北京农学院、山东畜牧兽医职业技术学院、大连民族学院、中国农业科学院茶叶研究所、中国农业科学院油料研究所、中国农业科学院郑州果树研究所、中国农业科学院特产研究所、中国农业科学院桑蚕研究所、中国养蜂学会、内蒙古自治区农牧科学院、甘肃省蔬菜研究所、山东省果树研究所、广西壮族自治区柑橘研究所、山西省畜牧兽医研究所等单位部分专家、教授的支持和参与,并列入劳动和社会保障部《全国职业培训与技能鉴定用书目录》,进行推荐,使我们深感欣慰,在此表示衷心感谢。我们希望和相信,通过"丛书"的出版发行,能为新型农民队伍的发展壮大贡献一份力量,也能为现代农业技术与技能培训积累一些可供借鉴的经验。

"丛书"编写时间有限,各分册存在不足或错漏在所难免,恳请同仁和各使用单位批评指正。

编 委 会

2008 年 1 月

前　言

　　现代农业需要新型农民,培养具有现代农业意识和现代农业技术与技能的农业劳动者,是我国农业发展的必然要求,为此,我们策划出版了这套新型农民培训教材。读者定位为具有初中以上文化程度的青年农民,使他们通过培训或自学,初步具备适应现阶段先进农业相应岗位的业务和技术素质。

　　新型农民培训教材作为一套"丛书",共设 88 个分册,涵盖种植、养殖、加工、农机、农经等方面的培训内容。本分册为《枣园艺工培训教材》,主要讲授枣园艺工须具备的基础知识、基本技术和技能。全书共 10 章,即第一章枣园艺工的岗位职责与素质要求、第二章枣园艺工须具备的基础知识;第三章枣树优良品种选择;第四章枣树苗木繁育;第五章枣园建立;第六章枣园土肥水管理技术;第七章枣树整形修剪技术;第八章枣树花果管理技术;第九章枣树病虫害综合防治技术;第十章枣果实采收与贮藏保鲜。

　　本书注重基本技术和操作技能,每章分为专业知识和操作技能两部分,而且以操作技能为主,能够使学习者很快入门并学以致用,真正掌握一门实用技术,为建设社会主义新农村和当地经济建设服务。

　　本书在编写过程中参阅了大量文献和资料,由于篇幅所限,恕不一一列出,在此谨向作者表示由衷的感谢。由于编者的专业技术水平和能力所限,本书可能会有一些问题或不妥之处,欢迎广大学员和其他专业人士批评指正。

编著者

2008 年 1 月

目 录

第一章 枣园艺工的岗位职责与素质要求 …………… (1)
  一、岗位职责 ……………………………………………… (1)
    (一)枣园艺工培训目标 ………………………………… (1)
    (二)岗位职责 …………………………………………… (1)
  二、素质要求 ……………………………………………… (2)
    (一)职业道德 …………………………………………… (2)
    (二)法律常识 …………………………………………… (3)
    (三)专业素质 …………………………………………… (3)

第二章 枣园艺工须具备的基础知识 ………………… (5)
  一、枣树生物学基础 ……………………………………… (5)
    (一)枣树的分布区域 …………………………………… (6)
    (二)枣树生物学特性 …………………………………… (8)
    (三)枣树物候期 ………………………………………… (12)
    (四)枣树对环境条件的要求 …………………………… (13)
  二、枣的生产技术规程、质量标准及认证 ……………… (14)
    (一)枣的无公害食品标准、质量认证及生产技术
        规程 ………………………………………………… (14)
    (二)枣的绿色食品标准、质量认证及生产技术规程 … (16)
    (三)枣的有机食品标准、质量认证及生产技术规程 … (17)

第三章 枣树优良品种选择 …………………………… (19)
  一、专业知识 ……………………………………………… (19)
    (一)优良品种的标准 …………………………………… (19)
    (二)优良品种介绍 ……………………………………… (20)
  二、操作技能 ……………………………………………… (29)

（一）品种选择的原则 …………………………………… (29)
　　（二）引种的方法和程序 ………………………………… (30)
　　（三）引种注意事项 ……………………………………… (31)
第四章　枣树苗木繁育 ………………………………………… (33)
　一、专业知识 …………………………………………………… (33)
　　（一）枣树健壮苗木标准 ………………………………… (33)
　　（二）枣树苗木繁殖方法 ………………………………… (34)
　二、操作技能 …………………………………………………… (35)
　　（一）嫁接育苗技术 ……………………………………… (35)
　　（二）扦插育苗技术 ……………………………………… (39)
　　（三）组织培养育苗技术 ………………………………… (41)
第五章　枣园建立 ……………………………………………… (43)
　一、专业知识 …………………………………………………… (43)
　　（一）生态环境条件要求 ………………………………… (43)
　　（二）地理位置、交通条件和市场辐射面要求 ………… (44)
　二、操作技能 …………………………………………………… (45)
　　（一）枣园规划与设计 …………………………………… (45)
　　（二）品种选择与配置 …………………………………… (48)
　　（三）栽植方式与密度 …………………………………… (49)
　　（四）栽植时期 …………………………………………… (49)
　　（五）栽植技术 …………………………………………… (50)
第六章　枣园土肥水管理技术 ………………………………… (52)
　一、专业知识 …………………………………………………… (52)
　　（一）土壤对枣树生长发育的影响 ……………………… (52)
　　（二）枣树的需肥规律与营养诊断 ……………………… (53)
　　（三）枣树的需水特点 …………………………………… (55)
　二、操作技能 …………………………………………………… (56)
　　（一）土壤管理技术 ……………………………………… (56)

（二）施肥管理技术 …………………………………… (62)
　　（三）水分管理 ………………………………………… (68)
第七章　枣树的整形修剪技术 ………………………………… (71)
　一、专业知识 …………………………………………………… (71)
　　（一）整形修剪的调节作用 …………………………… (71)
　　（二）整形修剪的依据 ………………………………… (71)
　　（三）枣树修剪的特点 ………………………………… (72)
　　（四）枣树修剪的时期 ………………………………… (72)
　　（五）枣树修剪的方法 ………………………………… (72)
　二、操作技能 …………………………………………………… (73)
　　（一）枣树的主要树形 ………………………………… (73)
　　（二）不同时期的整形修剪 …………………………… (75)
　　（三）放任枣园的整形修剪 …………………………… (77)
第八章　枣树花果管理技术 …………………………………… (78)
　一、专业知识 …………………………………………………… (78)
　　（一）枣树花期及其对环境条件的要求 ……………… (78)
　　（二）开花和授粉 ……………………………………… (79)
　　（三）枣树落花落果 …………………………………… (80)
　二、操作技能 …………………………………………………… (80)
　　（一）树体有机营养调控 ……………………………… (80)
　　（二）创造有利于枣树座果的环境条件 ……………… (81)
　　（三）利用生理调节物质保花保果 …………………… (82)
第九章　枣树病虫害综合防治技术 …………………………… (84)
　一、专业知识 …………………………………………………… (84)
　　（一）枣树病虫害综合防治措施 ……………………… (84)
　　（二）枣树常见病虫害种类 …………………………… (90)
　　（三）气象灾害 ………………………………………… (91)
　　（四）常用农药的性能 ………………………………… (92)

二、操作技能 …………………………………………… (103)
　(一)枣树常见害虫及其防治 ……………………… (103)
　(二)枣树常见病害及其防治 ……………………… (106)
　(三)枣树主要生理病害及其防治 ………………… (110)
　(四)主要自然灾害及其防御 ……………………… (111)

第十章　枣果实采收与贮藏 ……………………… (113)
一、专业知识 …………………………………………… (113)
　(一)枣果实的成熟过程 …………………………… (113)
　(二)成熟果实的生理变化 ………………………… (114)
　(三)适时采收的意义 ……………………………… (114)
　(四)影响果实贮藏的因素 ………………………… (114)
二、操作技能 …………………………………………… (117)
　(一)枣果的采收适期 ……………………………… (117)
　(二)采收方法 ……………………………………… (118)
　(三)枣果采后处理 ………………………………… (119)
　(四)枣果实贮藏方法 ……………………………… (121)

参考文献 ……………………………………………… (124)

第一章 枣园艺工的岗位职责与素质要求

一、岗位职责

(一)枣园艺工培训目标

通过专业基础理论知识学习和实际操作技能训练,使学员了解和掌握枣树栽培管理的基本知识和基本技能,了解枣树的种类、品种及生长发育规律以及对环境条件的要求,学习和掌握枣树的苗木繁殖技术,掌握枣树的建园技术、土肥水管理技术、整形修剪技术、花果管理技术,熟练掌握枣树主要病虫害和自然灾害的综合防治技术,了解并掌握枣果实的采收、贮藏技术。通过专业理论知识学习和操作技能培训,在生产上能够独立操作或指导枣树生产,及时发现和解决枣树生产中的实际问题,起到科技骨干或科技能手的作用,具备枣园艺工的工作水平和能力。

(二)岗位职责

为了进一步加强农村农业技术队伍建设,健全农技推广网络体系,更好地调动村级农技员的工作积极性、主动性,更好地服务于农业生产第一线,在对园艺工进行全面培训的基础上,还应认真落实岗位职责,制定奖惩政策,使其在果树生产中发挥应有的作用。

1. 当好农村政策的宣传员 积极宣传党在农村的富民政策,引导农民勤劳致富,积极参加各种农业技术培训和国家富民政策的学习。

2. 当好农业技术的指导员 爱岗敬业。根据农事季节,深入田间地头开展技术指导,积极促进农业新技术的推广,勇做周边科技示范户和带头人。

3. 当好农业信息员 积极收集和提供果品供求信息,为广大果农解决销售难的后顾之忧。及时准确地了解果树生产基本数据,当好农业统计部门的联络员。

4. 当好农业新技术示范员 带头积极参加各级农业技术部门布置的各种试验、示范,严格按照要求操作,保质保量完成任务,拓宽农民增收渠道。

5. 学好专业技术 有计划地安排业务学习,钻研业务,不断地提高自己的业务能力和技术水平。

6. 忠于职守 以高度的责任心来完成园艺工的岗位职责。

二、素质要求

(一)职业道德

职业道德在职业生涯中具有极其重要的意义,任何想很好地完成本职工作、成为本行业行家里手的人,都必须具有良好的职业道德。随着社会主义市场经济的发展,道德教育问题已成为国家和社会十分关注的重要问题,应紧密结合发展社会主义市场经济的新要求,努力加强职业道德教育,不断提高职业道德水平。

农业具有很强的自然属性,受气候、节气时令的影响很大。因此,要求所有工作在农业行业中的人员应具有尊重自然,保护生态的道德意识。在逐渐把握自然界内在的、本质的、固有的、必然的趋势的同时,也应深刻地意识到驾驭自然的前提是尊重自然规律,维护生态平衡。人类只有与自然环境和平共处,才能和谐共存,可持续发展。农业生产还要求其各行各业中的人员具有尊重科学、科技兴农的道德意识。农业的发展离不开科技的支持,没有科技支持的农业是无法发展的。先进的现代科学技术必须渗透到现代农业的每一个环节。

职业道德应该遵循和体现职业特征,体现社会要求与个性发展的统一。其主要构成要素有职业理想、工作态度、职业责任、职业技能、工作纪律、工作作风等几个方面。

(二)法律常识

我国是一个法治社会,国家正在逐步建立和完善各种法律制度。其中农业行业已颁布了多项法律法规,广大农业科技工作者必须充分了解相关的法律法规,并且在工作过程中时刻用法律来规范自己的行为。主要法律法规有:《中华人民共和国农业法》、《中华人民共和国植物新品种保护条例实施细则》、《食品标识管理规定》、《中华人民共和国劳动合同法》、《中华人民共和国农产品质量安全法》、《中华人民共和国科学技术普及法》、《中华人民共和国种子法》、《中华人民共和国农业技术推广法》、《中华人民共和国进出境动植物检疫法》、《中华人民共和国环境保护法》等。另外,各种地方法规、政策等也必须认真遵守和执行。

(三)专业素质

对枣园艺工来说,所谓专业素质主要是指较全面的枣树基础理论知识和专业技能方面的素质。枣园艺工应具备从事枣树栽培生产的专业素质,不同级别的枣园艺工要求有所不同。

1. 掌握枣树基础理论知识 枣树栽培概况和发展趋势,枣树植物学特征及其生长发育特性,枣树对温度、光照、水分、土壤与营养等环境条件的要求,昆虫基本知识,病害基本知识,农药基本知识,枣果实采收和贮藏基本知识等。

2. 掌握枣树栽培技术 枣树优良品种与砧木选择,枣树苗木繁殖方法与技术,枣园建立,枣园土肥水管理技术,枣树整形修剪技术,枣树花果管理技术,枣树病虫害与自然灾害的综合防治技术和枣果实的采收、贮藏技术等。

思考题

1. 枣园艺工的岗位职责是什么?
2. 枣园艺工要树立怎样的职业道德?
3. 枣园艺工应掌握哪些法律常识?
4. 枣园艺工的专业素质包括哪些内容?

第二章 枣园艺工须具备的基础知识

一、枣树生物学基础

枣树为鼠李科枣属,该属有枣、酸枣和毛叶枣等多种重要的栽培果树及观赏、药用、蜜源植物。枣在果树栽培学分类中属于核果类。

枣树是我国最古老的栽培果树之一,栽培历史悠久。在我国,枣树分布范围广泛。我国枣树栽培面积达 100 多万公顷,年产量 200 万吨。其中冀、鲁、豫、晋、陕 5 省占全国枣产量的近 90%。国外枣树都是直接或间接从我国引进的,目前除了韩国有一定规模的生产栽培外,其他国家大多仅限于庭院栽培或作为种质资源保存。

枣果实色泽艳丽、营养丰富,可以鲜食、制干和加工,深受广大消费者的喜爱。枣果实可食用部分占 90% 以上。据分析,鲜枣含糖量为 19%~44%,干枣含糖量为 50%~87%,100 克干枣含热量为 1 293.7 千焦,枣果实中蛋白质、脂肪和矿质元素含量较高,100 克鲜枣含蛋白质 1.2~3.3 克,脂肪 0.2~0.4 克,钙 61 毫克,磷 55 毫克,铁 1.6 毫克。枣果实中维生素含量更为丰富,每 100 克鲜枣中含维生素 C 200~800 毫克,维生素 B_1 0.06 毫克,维生素 B_2 0.04 毫克。

枣还具有很高的医疗保健功能,枣果、枣核、树皮、根、叶、木心、枣仁均可入药。枣果实具有补脾和胃、益气生津之功效,可治胃虚食少、脾弱便溏、气血津液不足、心悸等。枣果实中含有较多的环磷酸腺苷、环磷酸鸟苷和黄酮等物质,对心血管病、癌症等有一定疗效。枣树皮具有收敛止泻、祛痰、镇咳、消炎、止血之功效，可治疗痢疾、肠炎、慢性气管炎、目昏不明等病症。枣叶可治疗小儿发热和疮。枣树根可治疗关节酸痛、胃病、吐血、血崩、月经不调、风疹和丹毒等病。枣木心性甘、涩、温、有微毒，主治腹痛、面目青黄。酸枣仁味甘、酸，性平，有养肝、宁心、安神、敛汗之功能，可治疗虚烦不眠、津少口干和体虚多汗等病。

枣花量大，花期长，分泌花蜜多，是优良的蜜源植物，在建立枣园的同时可以结合发展养蜂业。枣树适应性强，病虫害轻，是公园、社区、庭院、村庄四旁的良好绿化树种，是荒山、河滩防风固土的良好树种，具有改善环境、净化空气的重要生态功能。

枣适应性强，抗旱，抗寒，耐瘠薄，耐盐碱，结果早，丰产稳产，管理简便，投入成本较低，是一种投资少、收益较高的经济林树种。无公害、绿色和有机枣果的生产需要现代栽培管理技术，要求其生产者必须掌握栽培技术，学会科学管理。

(一) 枣树的分布区域

1. 枣树的地理分布　枣在我国分布极为广泛，在北纬 $23°\sim42.5°$，东经 $76°\sim124°$ 的平原、坡地、沙地、滩地、山地都有枣树栽培。栽培的北界为辽宁的北票，河北的张家口，内蒙古宁城、包头大青山南麓；栽培的南界为广西的平南，广东的郁南等地；栽培的西界为新疆的喀什、疏附；栽培的东界为辽宁的本溪及东南沿海各地。

枣树垂直分布方面，在高纬度的东北、内蒙古、西北地区多分布在海拔 200 米以下的丘陵、平原和河谷地带；在低纬度的云贵高原可以生长在海拔 $1000\sim2000$ 米的丘陵地带；在华北、西北的个别地区，枣树也分布在 1000 米以上，最高可达 1800 米处。

2. 枣树的区域分布　根据我国气候、土壤、枣树品种特点及栽培管理情况，以秦岭、淮河为界划分为南北两大栽培区。北方栽培区包括目前产枣最多的冀、晋、豫、鲁、陕5省,该区域光照条件好,温差大,枣果含糖量高,品质优良,是鲜枣和制干品种的良好生产基地。南方栽培区域包括鄂、湘、皖、川、苏、浙、闽、滇等省,该区域降水量大,温度较高,温差小,果实含糖量较低,品质较差,花期和果实成熟期多雨,导致产量不稳,为蜜枣品种和鲜食枣生产基地。新疆近年来引进许多优良品种,栽培面积迅速扩大。由于新疆地域辽阔,尤其南疆地广人稀,光热资源充足,自然降水量很少(年降水量仅为18~32毫米),引进品种的品质超过原产地。枣在新疆的南疆大有发展前途。

3. 枣的产量分布 枣树栽培区域十分广泛,但是枣果的产量主要集中在北方的河北、山东、山西、河南、陕西、辽宁、甘肃、新疆及南方的广西、湖南、湖北等省。其中冀、鲁、豫、晋、陕5省为主产区,产量占全国的89.25%,长江以北各省产量占全国的94.52%,各省、自治区、直辖市枣产量排序依次为河北、山东、河南、山西、陕西、甘肃、广西、湖北、辽宁、湖南、天津、新疆、安徽、江西、浙江、宁夏、江苏、北京、四川、云南、贵州、海南和上海。

4. 枣树的品种分布 主栽的优良品种分布:金丝小枣主要分布在河北和山东环渤海盐碱区;婆枣(阜平大枣)主要分布在河北太行山干旱、瘠薄山区的阜平、唐县、曲阳、行唐、新乐;赞皇大枣主要分布在河北太行山区的赞皇、临城、元氏,近年在新疆、甘肃、辽宁、陕西、山西等省、区广泛引种栽培;木枣主要分布在山西吕梁和陕西黄河两岸;灰枣主要分布在河南新郑及其周边县、市,以及新疆;圆铃枣主要分布在山东聊城、德州地区的茌平、东阿、聊城、齐河、济阳及河北东南部、河南东部以及山东的潍坊、泰安、济宁、惠民等地,江西、新疆也有引种;临猗梨枣主要分布在山西运城地区,全国都有引种栽培;冬枣主要分布在河北沧州和山东北部,全国都有引种栽培;制干类、鲜食类和兼用类品种主要分布在淮河以北;蜜枣类主要分布在淮河以南;观赏类多在各地零星栽培。

(二)枣树生物学特性

1. 根的特性 枣树根系发达,根系由水平根、垂直根、侧根和须根组成。枣树苗木的根系因其繁育方法不同而有所差别。利用根蘖苗繁殖的枣树水平根发达,垂直根较差;用酸枣种子作砧木嫁接繁殖的枣树水平根和垂直根都比较发达。

水平根:枣树的水平根非常发达,分布范围广,是树冠的3~6倍,但多集中于树干周围1~3米处,主要功能是扩大根系分布范围,增加吸收面积。枣树的根系容易发生根蘖,特别是当根系受伤或截断时,很容易从该处萌生根蘖,这也是枣树根系的一个显著特性。枣树的水平根分布较浅,一般分布在15~30厘米土层内,50厘米以下土层中很少有水平根分布。枣幼树水平根生长迅速,进入盛果期后渐趋缓慢,进入衰老期的枣树水平根出现向心更新。

垂直根:用酸枣作砧木繁育的枣树有较发达的垂直根,用根蘖苗繁殖的枣树其垂直根不发达,垂直根是由水平根垂直向下延伸生长而成,枣树垂直根起固定树体及吸收深层土壤养分和水分的作用。垂直根的分布深度与土壤类型、品种、管理水平有关,一般为1~4米。

侧根:主要由水平根的分根形成,分支能力比较强,延伸能力比较弱。须根多着生在侧根上,主要功能是吸收土壤中的水分和养分,并产生不定芽,抽生根蘖。随着侧根的不断加粗生长,转化为骨干根,变成水平根或垂直根。

须根:又称吸收根。着生在水平根和侧根上,垂直根也有少量须根着生。须根粗度一般为1~2毫米,长30厘米左右。须根寿命比较短,须根有自疏能力,进行周期性更新。

根蘖:枣树容易发生根蘖,根蘖多发生在水平根上,一般情况下,以直径5~10毫米的水平根上发生的根蘖生长良好,容易分株成苗。根蘖的发生与品种、繁殖方法、土壤状况以及耕作制度有关。

2. 芽的特性 枣树的芽为复芽,由一个主芽和一个副芽组成,副芽着生在主芽的侧上方。主芽形成后一般当年不萌发,为晚熟性芽。主芽萌发后形成两种情况:一种情况是主芽萌发后生长量大,生长成枣头。另一种情况是主芽萌发后生长量很小,形成枣股;副芽随枝条生长萌发,为早熟性芽,萌发后形成二次枝、枣吊和花序。

枣树的主芽可潜伏多年不萌发,寿命很长,在受刺激后可形成健壮的枣头,有利于老树的更新复壮。

3. 枝的特性 枣树枝条分为枣头、枣股和枣吊。

(1) 枣头 是主芽萌发形成的。枣头中间的枝轴称枣头一次枝,当年生枣头一次枝基部1~3节一般着生枣吊,其余各节着生二次枝。枣头二次枝是由一次枝上副芽当年萌发形成。一次枝基部的二次枝常发育较差,当年冬季容易脱落,称脱落性二次枝。其余各节二次枝发育健壮不脱落,称永久性二次枝。永久性二次枝是着生枣股的主要部位。

(2) 枣股 由主芽萌发而形成的短缩状枝。枣股上的副芽萌发形成枣吊。枣股的生长很慢,1年只有1~2毫米。每个枣股一般抽生2~5个枣吊。枣吊的结实能力与枣股的着生部位、枣股的年龄以及栽培管理水平有关,以3~8年生的枣股结实能力最强。枣股上的主芽也可萌发形成枣头。老龄的枣树要注意及时更新枣股,以便保持较强的结实能力。

(3) 枣吊 由副芽萌发而来,为枣树的结果枝,由于当年脱落,又称为脱落性枝。枣吊主要着生在枣股上,当年枣头的一次枝、二次枝各节也有枣吊着生。随着枣吊的生长,叶腋间的花序逐渐形成,开花、座果交叉重叠进行。枣吊通常为10~18节,长12~25厘米,最长可达40厘米。同一枣吊上以3~8节叶面积最大,4~7节座果最好。

4. 叶和托叶的特点 枣树叶片比较小,不同品种叶片大小有一定区别,一般叶片纵径 2.5~7 厘米、横径 1.5~4 厘米,纸质;不同品种叶片形状也有所区别,有长圆形、卵圆形、卵状椭圆形、卵状矩圆形、倒卵形、卵状披针形、披针形等,先端渐尖、急尖、钝尖,叶基稍不对称、近圆形,叶缘锯齿钝细。叶正面绿色,背面浅绿,基生三出叶脉,中脉延至叶顶,两侧脉至近叶上部环结,二次脉明显,三次脉呈网状;叶柄长 1~6 毫米,枣头上叶片的叶柄较长,可达 10 毫米。托叶小,有时呈托刺状,后期常脱落。

5. 花的特性

(1) 花和花序特点 枣为两性花,花分为 3 层,最外层为绿色或黄绿色的卵状三角形萼片,内两层为 5 个对生近匙形的花瓣和 5 个雄蕊,与萼片交错排列;蜜盘圆形,较肥大;雌蕊由心皮合成,子房周位、深陷于蜜盘中。单花开放时蜜汁丰富,分泌期 1~2 天,为典型的虫媒花,花期放蜂有利于授粉和采集枣花蜜。

枣的花序为二歧聚散花序和不完全二歧聚散花序。每个花序一般具有花 3~10 朵,多者达 20 朵以上。

(2) 花芽分化特点 枣花芽分化的特点是:当年分化,多次分化,随生长随分化,单花分化速度快、分化期短,全树分化持续期长。

在一个枣吊上是以先基部、再中部、后顶部的顺序分化。一个花序中,以中心花先分化,然后按照一级花、二级花、多级花顺序分化。枣单花分化过程一般分为未分化期、分化初期、萼片期、花瓣期、雄蕊期、雌蕊期 6 个时期。枣一个单花完成分化需要 6 天左右,一个花序完成分化需要 4~20 天,一个枣吊完成分化需要 1 个月左右,单株分化完成需要两个月以上。一个花序中中心花质量最好。

1 年生枣树即可成花结果。枣树结果早,结实力强,具有增产潜力,但花芽当年分化、多次分化、随生长随分化、分化持续时间长

第二章　枣园艺工须具备的基础知识

等特点造成物候期重叠现象,在短期内消耗大量营养物质,容易导致枣树落花落果。

6. 果实的特性

(1)枣果实形态特征　枣果为真果,子房外壁形成外果皮,中壁形成果肉,内壁硬化成核,花梗形成果梗。枣果属于核果类,由于梗洼环及其附近部分为蜜盘形成,又与桃、杏、李等典型的核果类果实有所不同。不同品种枣果的大小差别较大,小果一般单果重只有4～6克,大果一般单果重可达25克以上。枣果实形状多样,一般有圆形、扁圆形、长圆形、椭圆形、长椭圆形、倒卵圆形、葫芦形等。枣核的变化较小,一般为纺锤形,顶端锐尖,基部钝或钝尖。种子多椭圆形。种皮两层:外种皮坚硬,有光泽,红褐色;内种皮棕色,种皮内具种仁。多数栽培品种种仁部分或全部败育,形成空核;也有个别品种核和种仁均退化,形成无核枣。

(2)枣果实发育　枣果实生长发育分为3个时期。

迅速生长期:细胞迅速分裂,分裂期一般2～4周。在细胞分裂期细胞数量迅速增加,细胞体积增长缓慢,果实增长也慢。当细胞分裂期过后,细胞体积迅速增加,出现果实增长高峰,表现细胞间隙逐渐明显,随幼果增长而扩大。枣果的大小与细胞总数及细胞大小有关,也与空胞大小有关。

缓慢生长期:果实迅速生长期过后,果实增长速度下降,内果皮逐渐硬化成核,核内种仁或退化消失或进一步发育饱满。此期末果肉细胞增长缓慢,空胞继续扩大,果实的重量和体积不断增长,该时期的长短因品种而异,一般4周左右。

熟前增长期:该时期细胞和果实的增长均较缓慢,主要进行营养物质的积累和转化。果实褪绿变白,着色至全红。果实含糖量不断增加,风味变佳,最后达到充分成熟,果实表现出品种的应有性状。

(三)枣树物候期

我国北方落叶果树中,枣树是春季萌芽最迟,秋季落叶最早的树种。枣树物候期因年份、地区、品种而有所区别(表2-1),枣树生长发育需要较高的温度,当春季气温达到13℃～14℃枣芽才开始萌动,生长期约为180天。另外,还表现出萌芽、枝叶生长、花芽分化、开花座果、幼果发育等物候期严重重叠,需要养分集中等特点。华北地区,枣树4月中下旬萌芽,一株树上枣股萌芽最早,枣头顶芽次之,侧芽萌发最晚。一般在展叶期花芽开始分化,5月下旬至6月中旬为花期,6月下旬至7月上旬为终花期,花期长达一个半月。8月下旬果实开始着色,多数品种9月下旬采收,10月中下旬落叶。

表2-1 我国主要枣产区枣树开花物候期

枣产区	代表品种	始花期(日/月)	盛花期(日/月)
辽宁朝阳	大平顶	5/6	25/6
宁夏中卫	长枣	10/6	28/6
新疆南疆	小圆枣	25/5	15/6
河北沧县	小枣	25/5	5/6
山西平顺	笨枣	23/5	2/6
山东茌平	圆铃	28/5	10/6
河南新郑	灰枣	15/5	5/6
河南内黄	扁核酸	20/5	8/6
安徽宿县	尖枣	21/5	29/5
内蒙古宁城	马奶枣	25/5	13/6
陕西大荔	大荔圆枣	15/5	7/6
广西灌阳	灌阳长枣	16/5	3/6
湖南溆浦	鸡蛋枣	18/5	27/5

续表 2-1

枣产区	代表品种	始花期（日/月）	盛花期（日/月）
湖北随县	大枣	18/5	28/5
云南宜良	宜良大枣	15/3	21/3
广东连县	木枣	5/5	23/5
浙江义乌	义乌大枣	12/5	2/6
江苏南京	冷枣	14/5	5/6

（四）枣树对环境条件的要求

1. 温度 枣树为喜温树种，生长发育需要较高的温度，萌芽比较晚，落叶比较早。一般情况下当气温上升到14℃时枣芽开始萌动，18℃～19℃时进行抽梢和花芽分化，20℃以上开花，花期适宜温度为23℃～25℃，果实发育需要25℃以上的温度，秋季气温降至15℃以下时开始落叶。根系开始生长要求土温7.3℃～20℃，20℃～25℃生长旺盛。枣树休眠期耐寒能力比较强。

2. 水分 枣树对湿度的适应性较强，适应范围比较广。年降水量在1 000毫米以上的南方和年降水量在100毫米以下的甘肃敦煌枣树均能正常生长结果。北方枣树主产区的年降水量在400～600毫米。枣树花期空气湿度过低影响座果，果实发育后期至成熟期多雨容易引起裂果。与其他果树相比，枣树的抗旱、耐涝能力较强。

3. 光照 枣树是喜光的树种，光照不足明显影响它的生长结果，光照不足树冠内秃裸现象严重。光照强度在一定范围内与枣树生长量呈正相关，随着光照强度增大，枣吊生长量和叶面积随之增大。栽植于峡谷的枣树由于光照时间短，往往生长结果不良。栽培上要注意立地选择，合理密植，调整好树体结构，保证良好的光照条件。

4. 土壤和地势 枣树对土壤的适应性强,无论沙土、黏土均能正常生长结果。枣树对土壤盐碱度也有较强的适应性,在土壤pH为5.5~8.5的土壤上枣树生长结果正常。

枣树对地势要求广泛,平原、沙荒、河滩、丘陵山地均可栽培。但在土层深厚、肥沃的土壤上栽植的枣树生长健壮。

5. 风 枣树抗风能力较强,但花期风沙过大过多,枣园湿度下降,影响授粉,受精不良,导致落花落果。果实成熟期风大,落果严重。在休眠期枣树抗风能力较强,在陕西大荔、河南新郑、山东聊城等县、市,常用枣树作防风固沙树种。

二、枣的生产技术规程、质量标准及认证

(一)枣的无公害食品标准、质量认证及生产技术规程

1. 无公害食品概念与特征

(1)无公害食品概念 无公害食品是指源于良好的生态环境,按照专门的生产(栽培)技术规程生产或加工,无有害物质残留或残留控制在一定范围之内,经专门机构检验,符合标准规定的卫生质量指标,并许可使用专用标志的农产品。无公害食品由农业部农产品质量安全中心实施认证,是政府为保证广大人民群众饮食健康而设立的一道基本安全线。无公害食品证书有效期为3年。

(2)无公害食品特征 第一,安全性。无公害食品严格参照国家标准,执行省、地方标准,具体有3个保证体系:生产全过程监控,产前、产中、产后3个生产环节严格把关,发现问题及时处理、纠正,直至取得无公害食品标志。实行综合检测,保证各项指标符合标准。根据规定,省农业行政主管部门的农业环境监测机构,对无公害农产品基地环境质量进行监测和评价;实行抽查、复查和标志有效期制度。第二,优质性。由于无公害食品在初级生产阶段

第二章 枣园艺工须具备的基础知识

严格控制化肥、农药用量,禁用高毒、高残留农药,建议施用生物农药及具有环保认证标志的农药及有机肥。严格控制农用水质(要达到Ⅲ类以上水质),因此生产的食品无异味,口感好,色泽鲜艳,在加工食品过程中无有毒、有害添加成分。第三,高附加值。无公害食品是由农业环境监测机构认定的标志产品,在国内、省内具有较大影响力,价格较同类产品高。

2. 枣无公害生产技术规程 近年来,为了加强枣树的标准化管理,优质生产,各地根据本地区的气候环境特点相继制定了枣的无公害生产技术规程,指导枣的无公害生产。如北京市制定了《枣无公害生产综合技术(DB 11/T 330—2005)》作为地方标准发布,指导北京市枣的无公害生产。本标准规定了枣生产基地环境质量要求,枣树苗木繁育,枣园建立,枣园土肥水管理技术,枣树的花果管理技术,枣树整形修剪技术,枣树病虫害综合防治技术,果实采收与贮运技术等技术规程及枣果质量等级标准要求。本标准适用于北京地区的无公害枣生产。山西省制定了《板枣的农业行业标准(NY-T 700—2003)》。本标准规定了板枣的术语和定义、要求、试验方法、检验规则、标志、包装、运输和贮存。本标准适用于板枣干制品的收购和销售。

3. 无公害农产品申请认证程序 为规范无公害农产品认证工作,保证产品认证结果的科学、公正,根据《无公害农产品管理办法》,应进行申请和认证。无公害农产品认证(以下简称产品认证)工作,由农业部农产品质量安全中心(以下简称中心)承担。农业部和国家认证认可监督管理委员会(以下简称国家认监委)依据相关的国家标准或者行业标准发布《实施无公害农产品认证的产品目录》(以下简称产品目录)。凡生产产品目录内的产品,并获得无公害农产品产地认定证书的单位和个人,均可申请产品认证。申请产品认证的单位和个人(以下简称申请人),可以通过省、自治区、直辖市和计划单列市人民政府农业行政主管部门或者直接向中心申请产品认证,并提交《无公害农产品认证申请书》、《无公害农产品产地认定证书》(复印件)和其他相关资料。中心对材料审查、现场检查(需要的)和产品检验符合要求的,进行全面评审,做出认证结论。符合颁证条件的,由中心主任签发《无公害农产品认证证书》。具体认证过程,应按照《无公害农产品管理办法》规定的程序实施。

(二)枣的绿色食品标准、质量认证及生产技术规程

1. 绿色食品概念与特征

(1)绿色食品概念　绿色食品是遵循可持续发展原则,按照特定生产方式,经过专门机构认定,许可使用绿色食品标志商标的无污染的安全、优质、营养类食品。绿色食品分为 A 级绿色食品和 AA 级绿色食品。

A 级绿色食品:生产地的环境质量符合 NY/T 391 的要求,生产过程中严格按照绿色食品生产资料使用准则和生产操作规程要求,限量使用限定的化学合成生产资料,产品质量符合绿色食品产品标准,经专门机构认定,许可使用 A 级绿色食品标志的产品。

AA 级绿色食品:生产地的环境质量符合 NY/T 391 的要求,生产过程中不使用任何化学合成的肥料、农药、兽药、饲料添加剂、食品添加剂和其他有害于环境和身体健康的物质,按有机生产方式生产,产品质量符合绿色食品产品标准,经专门机构认定,许可使用 AA 级绿色食品标志的产品。

(2)绿色食品特征　绿色食品与普通食品相比有 3 个显著特征。

第一,强调产品来自于最佳生态环境。绿色食品生产首先通过对生态环境因子进行严格检测,判定其是否具备生产绿色食品的基础条件,而不是简单地禁止生产过程中化学合成物质的使用,强调产品来自于最佳生态环境,保证绿色食品生产原料和初级产品的质量,将农业和食品工业发展建立在资源和环境可持续利用的基础上。

第二,对产品实行全程质量控制。绿色食品生产不是简单地对最终产品的有害成分含量和卫生指标进行测定。而是实施"从地头到餐桌"全程质量控制,通过产前环节的环境监测和原料检测,产中环节的具体生产、加工操作规程的落实,以及产后环节的产品质量、卫生指标、包装、保鲜、运输、贮藏、销售控制,确保绿色食品的整体产品质量,并提高整个生产过程的技术含量。

第三,对产品依法实行标志管理。绿色食品标志是一个质量证明商标,属知识产权范畴,受《中华人民共和国商标法》保护。政府授权专门机构管理绿色食品标志,这是将技术手段和法律手段有机结合起来的生产组织和管理行为。对绿色食品产品实行统一、规范的标志管理,不仅将生产行为纳入了技术和法律监控的轨道,而且使生产者明确了自身和对他人的责任和权益,同时也有利于企业争创品牌,树立品牌保护意识。

2. 绿色食品生产操作规程 绿色食品生产是一项标准明确、要求严格、操作较复杂的系统工程。为保证绿色品的生产,需要有一套完整的生产操作规程。多年来,有多部生产操作规程颁布,指导绿色食品的生产。有的以农业行业标准颁布,有的以地方标准颁布。

3. 绿色食品质量认证 为规范绿色食品认证工作,中国绿色食品质量安全中心制定了《绿色食品标志管理办法》。凡具有绿色食品生产条件的国内企业均可申请绿色食品认证。境外企业另行规定。

(三) 枣的有机食品标准、质量认证及生产技术规程

1. 有机食品概念与特征

(1) 有机食品概念 有机食品是一种国际通称,是从英文 Or-

ganic Food 直译过来的,是指来自于有机农业生产体系,根据国际有机农业生产要求和相应标准生产、加工,符合国际或国家有机食品要求和标准,并通过国家认证机构认证的一切农副产品及其加工品,包括粮食、蔬菜、水果、奶制品、禽畜产品、蜂蜜、水产品、调料等。除有机食品外,目前国际上还把一些派生的产品如有机化妆品、有机纺织品、有机林产品,或为生产有机食品而提供的生产资料,包括生物农药、有机肥料等,经认证后统称有机产品。

(2)有机食品特征　①原料来自于有机农业生产体系或采用有机方式采集的野生天然食品;②生产加工过程严格遵守有机食品的种养、加工、包装、贮藏、运输的标准,不使用任何人工合成的化肥、农药和添加剂;③在生产与流通过程中,有完善的质量跟踪审查体系和完整的生产及销售记录档案;④通过授权的有机食品认证机构的认证和有关颁证组织检测。

2. 有机食品生产技术规程　国家环境保护总局《有机食品技术规范》于2001年12月25日发布,自2002年4月1日起施行。该标准是对有机食品生产、加工、贸易和标识的基本要求,也是我国有机食品认证机构从事有机食品认证的基本依据。

思考题

1. 枣树根系有什么特点?
2. 枣树的枝芽有什么特点?
3. 枣树花芽分化有什么特点?
4. 枣果实发育分为哪几个时期?
5. 枣树对环境条件有哪些要求?
6. 简述无公害食品概念、特征。
7. 简述绿色食品概念、特征。
8. 简述有机食品概念、特征。

第三章　枣树优良品种选择

一、专业知识

(一)优良品种的标准

1. 优良品种的基本性状　枣树优良品种应具有丰产、优质、适应范围广、抗逆性强等特点。在生产中,常用能体现其经济价值的生物学特性来衡量栽培品种的优劣,主要包括物候期、果实外观品质、内在品质、产量、适应性、抗病性、抗逆性等。不同用途的优良品种其标准也有所区别。制干用优良品种要求:果实大小整齐,外形美观,可食率高,制干率高,含糖量高,树体矮化,早果丰产,抗裂果,抗病虫,耐瘠薄等;鲜食用优良品种要求:果个大,外形美观,大小整齐,色泽鲜艳,肉细脆,含糖量高,含维生素C高,树体矮化,早果丰产,抗裂果,抗病虫,耐瘠薄等。

2. 优良品种的地区适应性　枣树适应性强,对环境条件的要求相对较宽泛,因此种植分布范围广泛。枣树的优良品种很多,经过多年的栽培种植,形成了优良品种的地区适应性。如金丝小枣主要在河北和山东渤海盐碱区;婆枣(阜平大枣)主要在河北太行山旱薄山区的阜平、唐县、曲阳、行唐、新乐等县、市;赞皇大枣集中分布在河北太行山山区的赞皇、临城、元氏以及新疆、甘肃、陕西等省的引种栽培;梨枣主要分布在山西运城市;冬枣集中分布在山东北部和河北沧州等市。

(二)优良品种介绍

1. 优良鲜食品种

(1)郎家园枣　原产于北京朝阳区郎家园一带,以产地命名,是清代贡品。现主要分布在朝阳区王四营、黄港、金盏、东坝、孙河等地。

果实为长圆柱形,两边对称,平均单果重7.3克,大小整齐,呈均匀深红色,光滑美观,果皮极薄而脆,果肉淡绿色、质地细嫩,酥脆多汁,酸甜适口,果核细小。鲜果含糖量31%～35%,每百克含维生素C 86.5毫克,可食率95.7%,品质上等,9月上旬成熟。

郎家园枣属名贵品种,适应性强,早果,丰产,抗病,抗裂果,是优良的鲜食品种。

(2)氽氽枣　也叫氽枣。在北京的门头沟区、昌平区、怀柔区、海淀区等有一定的栽培面积,近年在华北地区的山区也有引种栽培。

果实两头尖、中间大,形似一种儿童玩具氽儿,因而得名。平均单果重7.3克,大小整齐,呈均匀深红色,光滑美观,果皮极薄而脆。果肉淡绿色,质地细嫩,酥脆多汁。鲜果含糖量29.9%,品质上等,9月上旬成熟。

氽氽枣适应性强,早果,丰产,稳产,是优良的鲜食品种。

(3)马牙枣　也叫白马牙。在北京的门头沟区、昌平区、怀柔区、房山区、海淀区等有一定的栽培面积,近年在华北地区的山区也有引种栽培。

果实上圆下尖,上部歪向一侧,因果形似马牙而得名,平均单果重7.8克,大小较均匀,果皮红色。果肉淡绿色,质地细嫩,酥脆多汁。鲜果含糖量35.3%,每百克含维生素C 332.8毫克,可食率92.9%,品质上等,8月下旬成熟。

马牙枣适应性强,早果,丰产,是优良的鲜食品种。

第三章 枣树优良品种选择

(4) 冬枣　别名冻枣、雁过红、苹果枣、冰糖枣等。在河北沧州、山东北部有大面积栽培,近年全国各地都有引种栽培,成为全国栽培面积最大的鲜食品种。

果实近圆形,果面平整光洁,纵径2.7～3.4厘米,横径2.6～3.4厘米。单果重10～20克,最大果重35克。果柄较长,果皮薄而脆、赭红色,果核细小,果肉绿白色,质地细嫩多汁,酥脆多汁,酸甜适口。完熟鲜果含可溶性固形物40%～42%,可食率96.9%,品质极上等,9月下旬至10月中旬成熟。

该品种树势中庸,树姿开张,适应性较强,耐盐碱,抗病虫,抗裂果,不耐寒,是优良的鲜食品种。

(5) 临猗梨枣　原产于山西临猗等县,历史上多零星栽培,20世纪90年代后得到规模发展,为目前栽培面积较大的鲜食品种。

果实长圆形,果个特大,平均单果重30克左右,最大果重50克以上。果柄细,果皮薄、浅红色,果面不光滑,果肉白色,肉厚,肉质松脆,汁多味甜,种核无种仁。鲜果含可溶性固形物27.9%,可食率96%,每百克含维生素C 292.2毫克,品质中等,9月下旬至10月上旬成熟。

该品种树体较小,树势中庸,树姿开张,适应性广,早果,丰产稳产,但不抗枣疯病,易裂果,易感铁皮病。

2. 优良制干品种

(1) 金丝小枣　传统优良品种,栽培历史悠久,主产于河北、山东交界地带,主产区为河北的沧县、献县、泊头、盐山、青县、大城、南皮等县、市,山东的乐陵、无棣、庆云、阳信、沾化、寿光等县、市,为目前栽培面积较大的优良制干品种。

果形因株系而异,主要有椭圆形、圆形、柱形、鸡心形、倒卵形、梨形等,果实较小、平均单果重5克,果皮薄、鲜红色,果面光亮美观,果肉乳白色,质地致密细脆。鲜果含可溶性固形物34%～38%,可食率96%,每百克含维生素C 560毫克,制干率55%～

58%,核小,核内很少含有种子,品质极上等,9月下旬成熟。

该品种树体中大,树姿开张,耐盐碱不耐瘠薄,风土适应性较差。要求花期温热,成熟期少雨,土壤肥沃的自然条件。易裂果,树势容易早衰。

(2)婆枣 别名阜平大枣、曲阳大枣、唐县大枣、行唐大枣等,分布较广,栽培历史悠久,河北太行山中段的阜平、曲阳、唐县、行唐等县的浅山丘陵地带为集中产区。

果实长圆形或短圆形,侧面稍扁,大小较整齐,纵径3.4～3.8厘米,横径2.7～3.2厘米,平均单果重11.5克,果皮较薄、棕红色,果肉乳白色,质地粗松少汁。干枣含糖量73.2%,可食率95.4%,制干率53.1%,核内很少含有种子,品质极上等,适宜制干,9月下旬至10月上旬成熟。

该品种树势强健,对土壤、气候适应性很强,耐旱、耐瘠薄,花期适应较低的气温和空气湿度,丰产稳产,成熟期遇雨容易裂果,不抗枣疯病和铁皮病。

(3)圆铃枣 别名紫铃、圆红、紫枣。盛产于山东聊城和德州市,河北西南部、河南东部以及山东的潍坊、泰安、济宁、惠民等市、县也有成片栽培,引入江苏、新疆等省、区表现良好,是优良的制干品种。

果实近圆形或平顶锥形,侧面略扁,大小不太整齐,纵径2.8～4.2厘米,横径2.7～3.3厘米。平均单果重12.5克,最大果重30克。果面不平,略有凹凸起伏。果皮紫红色,富光泽。果肉厚,绿白色,质地紧密,较粗,汁少,味甜。干枣含糖量74%～76%,可食率95.4%,制干率60%～62%,核内一般不含有种子,品质上等,适宜制干,9月上中旬成熟。

该品种树体高大、健壮,树姿开张,对土壤、气候适应性强,耐盐碱,耐瘠薄,黏壤土、沙质土都能较好生长结果,不裂果。

(4)相枣 别名贡枣。主产于山西运城一带,栽培历史悠久,是当地的主栽品种。

果实卵圆形,果实大,平均单果重22.9克,大小不均匀。果实紫红色,果面光滑、富光泽。果肉厚,绿白色,质地较硬,汁少,味甜。干枣含糖量73.5%。鲜枣含可溶性固形物28.5%,每百克含维生素C 474毫克,可食率97.6%。制干率53%,品质上等。大果内含有不饱满种仁,小果内核质地变软、有退化现象。适宜制干,9月中旬成熟。

该品种树体较大,树势中庸,树姿半开张,对土壤、气候适应性较强,成熟期遇雨裂果较轻。

(5)赞新大枣 产于新疆阿克苏地区,为阿拉尔农业科学研究所从1975年引进的赞皇大枣苗中选出的优系,1985年命名,现已经在当地繁殖推广。

果实倒卵圆形,果实大,纵径4.1厘米,横径3.6厘米。平均单果重24.4克,最大果重30.1克,大小不均匀。果实棕红色。果肉绿白色,质地致密、细脆,汁液中等,味甜。干枣含糖量72.9%。鲜枣含糖量27%左右,可食率96.8%,制干率53%,品质上等。适宜制干,9月下旬至10月上旬成熟。

该品种树势强健,树姿较直立,适应性强,较抗病虫害,结果早,丰产稳产,管理简便。

(6)金丝新1号 山东省农业科学院果树研究所从无棣县庞集乡刘王村的金丝小枣中优选而来,于1998年通过山东省农作物品种审定委员会审定。

果实多数呈倒卵形,果实小,平均单果重6.4克,最大果重11.3克。果实整齐,果面平整光洁,果实浅红褐色、富光泽。果肉乳白色,质地致密、脆硬,汁液中多,味甜。干枣含糖量73.5%,含可溶性固形物36.6%~39%,每百克含维生素C 400毫克,可食率95.4%,制干率53.1%,品质上等,适宜制干,9月上旬成熟。

该品种树体较小、紧凑,树姿开张,抗风力较强,抗旱、耐瘠薄能力优于普通金丝小枣,裂果率低,较抗轮纹病和炭疽病。

(7)圆铃1号 山东省农业科学院果树研究所于1986年从圆铃枣中选出,2000年4月通过山东省农作物品种审定委员会审定并命名。

果实圆柱形,纵径4～4.5厘米,横径3.3～3.9厘米,平均单果重16～18克,最大果重21.5克,果面不很整齐,果实紫褐色、无光泽。果肉绿白色,质地致密,汁液少,味甜。含可溶性固形物33%,可食率97.2%,制干率60%,品质上等,适宜制干,9月上中旬成熟。

该品种树势中等,树姿开张,风土适应性强,在黏土、沙质土上均生长良好,成熟期果实遇雨不裂果。

3. 优良兼用品种

(1)赞皇大枣 别名赞皇长枣、金丝大枣、大蒲红枣。主产于河北赞皇县,自然三倍体品种,栽培历史悠久,引入新疆南部和晋、陕黄土高原栽培表现优良。

果实长圆形或倒卵形,纵径4.1厘米,横径3.1厘米,平均单果重17.3克,最大果重29克,大小较整齐,果面整齐,果实紫红褐色,果肉近白色,质地致密,汁液中等,味甜。可溶性固形物含量30.5%,可食率96%,制干率47.8.%,核内不含种子仁,品质上等,适宜制干和加工,9月下旬成熟。

该品种树势强健,对土壤、气候适应性很强,耐旱、耐瘠薄,但不抗裂果、铁皮病、枣疯病。适宜北方日照充足、夏季气温温热、秋季少雨的地区发展。

(2)灰枣 起源于河南新郑,栽培历史悠久,分布于河南新郑、中牟、西华等市、县,引入新疆南部和南京栽培表现优良,近年来在新疆有较大面积的发展。

果实长倒卵形,胴部以上稍细、略歪斜,纵径3.2～3.4厘米,横径2.1～2.3厘米,平均单果重12.3克,果面较平整,果实橙红色。果肉绿白色,质地致密、较脆。可溶性固形物含量30%,可食率97.3%,制干率50%左右,核内部分含种仁,品质上等,适宜制干、鲜食和加工,9月中旬成熟。

该品种树体中大,树姿开张,对土壤、气候适应性很强,耐瘠薄,成熟期遇雨易裂果,适宜成熟期少雨的地区发展。

(3)板枣 栽培历史悠久,主要分布在山西稷山等县。山东、河南、河北等省引种栽培表现良好。

果实扁倒卵形,纵径3.3厘米,横径2.7厘米,果实中等大小,平均单果重11.2克,最大果重16.2克,大小较整齐,果面不很平整,果实紫褐色或紫黑色、富光泽,果肉绿白色,质地致密、稍脆,汁液中等,味甜。可溶性固形物含量41.7%,可食率96.3%,核内多无种子,品质上等,适宜制干、鲜食和加工醉枣。9月中下旬成熟。

该品种树体较高大,干性弱,树姿开张,对气候适应性很强,适宜在土壤肥沃条件下栽培,不抗裂果,适宜北方土壤肥沃地区发展。

(4)骏枣 原产于山西交城一带,栽培历史悠久,山东、河南、河北等省引种栽培表现良好。

果实柱形,果实大但大小不均,平均单果重22.9克,果面较平整,果实深红色,果肉厚、绿白色,质地致密、松脆。可溶性固形物含量33%,每百克含维生素C 432毫克,可食率96.3%,核内部分含种子,小果核壳变软、有退化现象,品质上等,适宜制干、鲜食、加工蜜枣、醉枣,9月中旬成熟。

该品种树势强健,树姿半开张,适应性较强。抗旱,抗盐碱,抗枣疯病。成熟期遇雨裂果严重,适宜北方成熟期少雨的地区发展。

(5)晋枣 别名吊枣、长枣。主要分布于陕西、甘肃交界一带的泾河及其支流两岸地区。

果实长卵形或近圆柱形,纵径4.6~6厘米,横径3.1~3.8厘米,平均单果重21.6克,大小不整齐,果面不很平整,果实赭红色、富光泽,果皮薄,果肉厚、白绿色或乳白色,质地致密、酥脆,汁液较多,味甜。可溶性固形物含量30.2%～32.2%,可食率97.8%,制干率30%～40%,核内很少含种子,鲜食品质上等,制干品质中上等,果实10月上旬成熟。

该品种树体高大,干性强,树姿直立,适应性较强,抗寒,抗风,较耐盐碱,成熟期不抗裂果。

(6)敦煌大枣　别名哈密大枣、五堡大枣。主要分布于甘肃敦煌一带,栽培历史悠久,在甘肃、新疆有较大发展,栽培表现优良。

果实近卵圆形,纵径3.5厘米,横径3.2厘米,平均单果重14.7克,最大果重25克,大小不整齐,果面不整齐,果实紫红色。果肉浅绿色,质地致密、较硬,汁液少,味酸甜。鲜果含糖量20%,每百克含维生素C 404.2毫克,制干率47.0%,核内不含种仁,鲜食、制干品质中上等,果实9月上旬成熟。

该品种树体较高大,干性较强,树姿半开张,适应性强,耐旱,抗寒,抗病虫害,成熟期不抗风,易落果。

(7)乐金1号　由山东省德州市林业局和乐陵市林业局从山东乐陵金丝小枣中选出,1997年通过山东省农作物品种审定委员会审定。

果实短圆柱形或椭圆形、较小,平均单果重5.9克,最大果重6.7克,果面平整光洁,果实紫红色,果肉黄白色,肉质细脆,汁液中多,味甜。含可溶性固形物36.7%,每百克含维生素C 383.2毫克,可食率96.8%,制干率58.4%,核极小,鲜食、制干品质优良,果实9月下旬成熟。

该品种树势中等,树姿开张,适应性较强,抗裂果。

(8)沧无1号　由河北沧州市林业科学研究所从河北南皮无核小枣中优选而来,2001年通过河北省林木品种审定委员会审定。

果实长圆形,纵径2.1～3.2厘米,横径1.5～2.2厘米,果实小、平均单果重 4.5 克,果实整齐、大小均匀、红色、富光泽,果皮薄。果肉黄白色,质地致密,味极甜。含可溶性固形物 36.3%,可食率近 100%,制干率 61.5%,品质上等,适宜制干或鲜食,果核退化,部分大果有少量渣滓,但不影响食用,9 月中旬成熟。

该品种树体较小、紧凑,树姿开张,抗逆性强,适应性强,抗旱,抗盐碱,耐瘠薄,在一般枣树生长的地区均能正常生长结果。

4. 优良观赏品种

(1) 葫芦枣 别名边腰枣、乳头枣、妈妈枣、羊奶枣,因果实形状像葫芦而得名,零散分布在枣园和居民庭院。

果实为葫芦形,腰部有较深缢痕,平均单果重 6.9 克,大小整齐,深红色,果皮薄而脆。果肉淡绿色,味酸甜,鲜果含糖量 20%,每百克含维生素 C 231.6 毫克,可食率 93.4%,品质中上等,9 月中旬成熟。

该品种树势中等,丰产,属珍稀品种,适宜庭院、园区绿化美化栽植,也可以用于盆栽。

(2) 磨盘枣 别名磨子枣、坛子枣。分布于山东乐陵、河北献县、陕西大荔、甘肃庆阳等市、县。栽培历史悠久,但栽培数量很少,多在庭院和果园四旁零星栽植。

果实磨盘形,枣果中部有一条缢痕,上部(近顶部)略小,下部(近柄端)宽大,平均单果重 7 克,最大单果重 13.7 克,果实暗红色、富光泽,果皮厚,果肉白绿色,鲜果含可溶性固形物 30%～33%,可食率 93.5%,品质中等,9 月中下旬成熟。

该品种树势中等或较强,树体较大,树姿开张。适应性强,结果早,果实奇特美观,是优良的观赏品种。

(3) 辣椒枣 别名长脆枣、长枣、奶头枣、羊角枣。分布于河北衡水市,山东夏津、临清等县、市,北京市也有引种栽培。

果实为长锥形或长椭圆形,形状奇特美观。果实较大,平均单果重 12 克,最大单果重 22 克,大小均匀。果实紫红色,果皮薄。

果肉白色,较细脆,酸甜适口,鲜果含糖量 31%～37%,可食率 97.2%,品质上等,9 月下旬成熟。

该品种树势强健,树体较大。坐果稳定,丰产。果实奇特美观,具有较高的观赏价值,适宜庭院、园区绿化美化栽植。

(4)龙爪枣 别名龙枣、龙须枣、曲枝枣、蟠龙枣。分布于山东、河北、陕西、河南、北京等省、市。栽培历史悠久,但栽培数量很少,多在庭院和果园四旁零星栽植。

果实为椭圆形,平均单果重 6.5 克,大小整齐,果实红色,果皮厚,果肉白绿色、质地较硬,品质中等,9 月下旬成熟。

该品种树体较小,树姿开张,枝条较密,生长缓慢。枝条扭曲不定,蜿蜒前伸,犹如群龙飞舞、竞相弄姿。是优良的观赏品种,适宜庭院、园区绿化美化栽植,也可以制作盆景。

(5)胎里红枣 别名老来变。原产于河南镇平的官寺、八里庙一带,数量极少,北京、河北等省、市有引种种植。

果实为长圆形,顶部钝尖。幼果先为紫红色,之后逐渐变浅,随着果实成熟度递增,红色再次加深,至完全成熟时变为赭红色。果面平滑、富光泽,果肉白色、质地较松,品质中下等,9 月下旬成熟。

该品种树势较强,树体中大,树姿较开张。适应性强,结果稍晚,从落花至成熟期果实色泽多变,成熟时变为赭红色极为美观,是优良的观赏品种。

(6)茶壶枣 原产于山东夏津、临清等县、市。栽培历史悠久,栽培数量很少,多在庭院和果园四旁零星栽植。

果实形状奇特,肩部或近肩部常长出 2～4 个对角排列的肉质突出物。有的果实有一对突出物,大小、形状酷似壶嘴,与椭圆形果实主体联成一体,形似茶壶,故而得名。果实大小不很整齐,一般果重 4.5～8.1 克,最大果重 10.2 克,果实紫红色,果皮厚,果肉绿白色、质地较粗松,品质中等,9 月上中旬成熟。

该品种树势中等或较强,树体中大,树姿开张。该品种适应性强,结果较早,丰产稳产,果实奇特美观,是优良的观赏品种。

(7)三变红　别名三变色、三变丑。分布于河南永城县十八里、城关、黄口等地,为当地主栽品种之一。

果实卵圆形,果实大,平均单果重18.5克,大小均匀。幼果期果实紫红色,随果实生长,色泽逐渐减退,至白熟期呈紫条纹绿白色,成熟期变为深红色,果面平滑,果皮中厚,果肉绿白色、质地致密细脆,品质上等,9月上中旬成熟。

该品种树势中等或较强,树体较大,树姿半开张。该品种适应性强,结果较早,鲜食品质优良,落花后果实生育期色泽多变,观赏价值高,可作为鲜食兼观赏品种适当发展。

二、操作技能

(一)品种选择的原则

1. 根据栽培目的选择品种　枣树品种按用途可以分为制干品种、鲜食品种、兼用品种和观赏品种。以制干为目的应选择果实大小整齐,外形美观,肉质细,制干率高(50%以上),含糖量高(干枣总含糖量70%以上),丰产,稳产,抗逆性强的品种;以鲜食为目的应选择果个大,外形美观,大小整齐,色泽鲜艳,果肉细脆多汁,酸甜适口,可溶性固形物含量30%以上,丰产,稳产,抗逆性强,树体矮小,便于采收的品种;以制干和鲜食兼用为目的应综合考虑,统筹兼顾;以观赏为目的应主要考虑观赏性,包括树体矮化,枝条弯曲下垂,花果的色泽和性状特异等方面。

2. 根据种植区域选择品种　在交通不便的边远山区,选择种植优良的制干品种;在城市郊区、著名的风景旅游景点附近和周边种植优良的鲜食品种,发展观光采摘,满足广大观光旅游者的需求;在交通便利的地区,选择种植兼用优良品种,满足市场鲜枣和干枣的需求。

3. 根据栽培方式选择品种 枣粮间作园行距要大,与粮食间作,树干要相对较高,应选择比较高大的制干优良品种。密植枣园,选择比较矮化的品种,便于管理。

4. 尽量选择抗病抗逆性强、产量高的品种 选用抗病性强的枣品种不仅能简化生产管理,而且有助于降低成本、减少农药残留,也是实现枣无公害生产及更高标准生产的基本条件。因此,选择抗病品种至关重要,尤其是抗枣疯病的品种。另外,也要选择抗裂果的优良品种,特别是鲜食品种。

(二)引种的方法和程序

植物的种类和品种在自然界都有一定的分布范围,人们为了某种需要把植物从原分布区移植到新的地区,就叫引种。引种是短期内丰富某一地区品种类型,满足生产需要的简单易行的快捷方法。引种工作科学性很强,要遵循引种的一般规律,按照有组织、有计划、有步骤的引种程序进行,主要步骤如下:确定引种目标→收集材料制定方案→引种材料检疫→引种试验→栽培示范推广。

1. 确定引种目标 根据本地区自然环境条件和栽培目的,针对现有品种存在的问题来确定引种目标。在确定引种目标的过程中,应了解拟引进品种原产地的生态条件,原产地与拟引入地生态条件的差异,还应注意两地生产条件的差异。

2. 收集材料制定方案 收集引种材料时,包括该品种的选育历史、生态类型、遗传性状、生态环境、生产水平等。将收集到的材料进行比较分析,现场考察,根据引种目标,制定引种方案,确定引进品种,并按方案要求分年度实施,每年定出实施计划,做好安排。

3. 引种材料检疫 引种分为国外引种和国内不同地区引种,

为了避免随引种材料传入病虫害和杂草,应进行严格检疫,发现问题及时处理。

4. 引种试验 新品种引进后,要进行引种试验。引种试验一般以当地主栽品种为对照,在栽培条件一致的前提下进行。引种试验包括观察试验及品种比较和区域试验。观察试验,就是对新引进的品种进行小面积试种观察,初步鉴定其对本地生态条件的适应性和直接在当地生产上应用的可能性;品种比较和区域试验是在观察试验的基础上,进行有对照品种的品种比较试验和多点的区域试验,进行观察记载和鉴定,主要包括物候期、生长发育习性、产量、品种及抗性等。

5. 栽培示范推广 对筛选出的、有生产价值的品种结合当地生态条件和管理水平,制定出相应的栽培技术措施。同时,进行苗木快速繁殖,在当地示范推广。

(三)引种注意事项

引种一定要按照引种程序和方法进行。在引种中应注意以下事项。

第一,根据生态条件引种。当原产地与引种地生态条件差异不大时,引进的品种容易适应。要注意引进栽培反应良好、已有广泛分布、正在迅速发展的品种和优系。

第二,引种材料要详细登记,内容主要包括种名(学名、俗名)、来源、材料种类(接穗、苗木、种子)、数量、收到日期、处理方法等,分类编号。

第三,要从可靠单位引进优质、纯正的种苗,注意品种是否有同种异名情况,以免重复引入。

第四,引进品种应经过不少于3年的大面积栽培试种,确认有生产应用价值后再推广。

第五,引种时注意种苗检疫,要防止病虫害的侵入、传播和蔓延。从国外引种时,更应特别重视所引品种的检疫工作。

第六,引种时间要适宜。要讲究起苗技术,包装运输要小心细致,起苗后要尽快栽植。

思 考 题

1. 枣树优良品种的衡量标准是什么?
2. 列举枣树优良鲜食品种、制干品种。
3. 枣树品种选择的原则包括哪些内容?
4. 枣的引种程序包括几个方面?
5. 引种时应注意哪些事项?

第四章 枣树苗木繁育

一、专业知识

(一)枣树健壮苗木标准

优质健壮苗木是建立枣园的基础,是枣树早期丰产的关键,建立枣园必须使用健壮标准苗木。除国家制定的枣树苗木标准外,各省、自治区、直辖市根据当地的实际情况也制定了枣树苗木标准。对枣树苗木的基本要求是:植株生长健壮,枝条健壮充实、芽体饱满。根系健全,须根多,断根少。嫁接口愈合良好,无检疫性病虫害等。中华人民共和国专业标准(ZB B 64008—88)《枣树丰产林》中苗木分级标准见表 4-1,河北省地方标准 DB13/T481—2002 枣苗木分级标准见表 4-2。

表 4-1 中华人民共和国专业标准(ZB B 64008—88)
《枣树丰产林》苗木分级标准

级别	苗高(米)	地径(厘米)	根系状况
一级	1.2~1.5	1.5 以上	根系发达,直径 2 毫米以上、长 20 厘米以上。侧根 6 条以上
二级	1.0~1.2	1.0 以上	根系发达,直径 2 毫米以上、长 15 厘米以上。侧根 6 条以上

表 4-2　河北省地方标准(DB13/T481—2002)枣苗木分级标准

级别	苗高(厘米)	地径(厘米)	根芽状况
一级	100 以上	1.0 以上	垂直根长 20 厘米以上,具有粗度大于 3 毫米侧根 5 条以上;根系无严重劈裂,整形带内有健壮饱满芽 5 个以上;嫁接部位愈合良好;无严重机械伤和病虫害
二级	80 以上	0.8 以上	垂直根长 20 厘米以上,具有粗度大于 2 毫米的侧根 5 条以上;根系无严重劈裂,整形带内有健壮饱满芽 5 个以上;嫁接部位愈合良好;无严重机械伤和病虫害

(二)枣树苗木繁殖方法

1. 嫁接繁殖　就是将优良品种植株上的枝或芽接到另一植株的枝、干或根上,接口愈合后培育成新植株的无性繁殖方法。用嫁接法培育出来的苗木叫嫁接苗,用作嫁接的枝或芽叫接穗或接芽,承受接穗或接芽的植株叫砧木。嫁接繁殖通常采用芽接或枝接方法。枝接分为硬枝嫁接和绿枝嫁接,枣树通常采用硬枝嫁接繁殖苗木。

2. 扦插繁殖　就是将果树部分营养器官插于基质中,促使其生根、抽枝成为新植株的一种无性繁殖方法。可获得与母本遗传性一致的果树苗木或砧木,供果园建立及繁殖嫁接应用。扦插通常分为硬枝扦插和绿枝扦插(又称嫩枝扦插)。枣树硬枝扦插在一般条件下成活率很低,生产上很少应用。绿枝扦插应用比较普遍。其特点是扦插繁殖苗木繁殖材料来源广,繁殖系数高,便于大量育苗,育苗周期短,成本低,苗木根系发达,种苗纯度高。

3. 归圃育苗　通常指的是根蘖归圃育苗法。就是将优良品种枣树根部萌生的幼小根蘖,集中移入苗圃人工培养成苗,其成苗叫根蘖苗。归圃育苗是我国传统育苗的方法之一,过去应用比较普遍。其缺陷是繁殖系数低,成苗的纯度和种性受母树影响大。目前,生产上应用比较少。

4. 组织培养法 采用植物体的器官、组织和细胞,通过无菌操作接种于人工配制的培养基上,在一定的温度和光照条件下,使之生长发育成为完整植株的方法称为组织培养,也叫试管培养或离体培养。用于组织培养的材料称为外植体。以茎尖分生组织作为外植体进行的组织培养称为茎尖培养,目前茎尖培养广泛用于枣的快速繁殖上。采用组织培养繁殖方法,繁殖速度快,可以在短期内培养出大量品种纯正的苗。组织培养法还不占用土地,不受环境条件的影响,可以全年进行工厂化育苗。最重要的是采用茎尖培养方法可以培育出无病毒苗。组织培养工厂化育苗将是未来枣树育苗的主要手段,具有广阔的应用前景。

二、操作技能

枣树苗木繁育采用无性繁殖,主要繁殖方法有嫁接繁育、扦插繁育、归圃育苗、植物组织培养方法等。

(一)嫁接育苗技术

嫁接育苗是枣树苗木繁育的最主要方法,具有操作简便、嫁接速度快、工效高、愈合容易、成活率高、繁殖系数大等优点。在枣树苗木繁育中应用最为普遍。枣树嫁接主要采用枝接的方法,就是将枣树的一段枝条作接穗,直接嫁接到砧木上。主要方法有劈接法、腹接法、切接法等。

1. 苗圃地选择 苗圃地选择要从实际出发,因地制宜。应选择背风向阳、日光充足、有灌溉条件的地块,平地、稍有坡度的丘陵地均可,一定要排水良好。避免选择容易积水的低洼地用作苗圃。

苗圃地的土壤应以沙质壤土和轻黏土壤为宜,这类土壤在肥力、土壤通透性方面都有利于种子发芽、苗木生长,过沙、过黏和盐碱地不宜用作苗圃地。

2. 砧木种子采集与保存 枣树选用酸枣作砧木,酸枣种子的优劣直接影响出苗率和苗木的生长。砧木种子采集要注意选择在品种纯正,砧木类型一致,树体健壮,性状优良,单株之间表现相对一致的无病虫害植株上进行。砧木种子要到果实完全成熟时采集,防止过早采集。若采集过早,种子发育不全,种仁不饱满,影响质量。采集后的果实,去掉果肉清洗干净,放置干燥处阴干保存。

3. 砧木种子处理

(1)层积处理 种子的层积处理是指落叶果树种子在适宜的外界条件下,完成种胚的后熟过程和解除休眠促进萌发的一项措施。因处理时常以河沙为基质与种子分层放置,故又称沙藏处理或种子沙藏。种子层积处理需要 2℃～7℃ 的低温,基质湿润,氧气充足的条件。用带壳的酸枣种核繁育砧木需要在 11～12 月份进行种子层积处理。具体方法是:先将种子在清水中浸泡 2 天左右,使种子充分吸水。然后用杀菌剂杀菌,再把种子量 4～5 倍的细河沙(河沙湿度为饱和水量的 50%～60%,手捏成团,松手即散)和种子混合或分层盛入木箱、花盆或贮藏沟中。一般在容器或沟底铺一层 5 厘米厚的湿沙,种子层积完毕后再在上面铺一层湿沙,沙子的厚度以在当地种子不受冻为宜(即当地的冻土层的厚度)。容器存放地点和沙藏沟地点应选择在阴凉、干燥通风之处。沙藏沟还应注意具有良好的排水条件。也可将已混合好或分层盛入木箱或花盆中的种子放入冷库中进行层积处理。

(2)浸种处理 当种核来不及层积处理时带壳采用热烫处理催芽,具体方法是:将种核倒入 70℃～75℃ 的热水中,自然冷却后换冷水清洗,浸泡 2 天。然后与湿沙混匀,上面覆盖塑料薄膜增温催芽,待部分种壳露嘴后播种。

种仁浸种:机械去壳后进行浸种,然后播种,具有出苗快和出苗整齐等优点,得到生产上普遍应用。具体方法是:将种仁去除杂质,放入55℃~60℃温水中4~5小时,或冷水浸泡24~48小时捞出后与湿沙混合,催芽后播种。

4. 整地播种 北方地区干旱、少雨、冬季寒冷,砧木种子不适宜秋季播种,通常采用春季播种。

(1)整地 对确定的苗圃地要整地、做畦、施肥、灌水,为及时播种做好充分的准备。通常要求畦宽1.8米左右。畦长依据地势平整程度而定,地势平整地块可长些、山地地块可短些、以作业方便为好。施肥量通常为每667平方米8 000千克左右的腐熟有机肥。

(2)播种时间 层积处理好的种子播种应在土壤刚刚解冻之后的春季进行。需要强调的是,播种前要对种子的萌动情况进行检查,如发现萌动,应立即播种。一般掌握早播,保证砧木有较长的生长期。北方一般在3月下旬进行。

(3)播种量 如用酸枣种核,一般播种量为每667平方米5~6千克需要20 000~24 000粒种子。如用酸枣种仁,每667平方米需1.5~2千克。

(4)播种密度 一般采用宽窄行带状条播。宽行距60厘米,窄行距30厘米左右,每畦4行。行内种子间距离15厘米左右,播种深度为2~3厘米。

(5)覆膜 播种后及时覆膜,主要作用是提高地温和保持土壤墒情,给种子提供一个良好的发芽生长的环境条件。

5. 砧木苗管理 砧木种子播种后要加强管理,使种子有一个好的出苗率,出苗后健壮生长,使砧木及时达到嫁接的粗度要求。播种后砧木苗的管理主要有以下几个方面。

(1)破膜 一般播种后10天左右种子发芽出土,这时要注意及时破膜让苗木出膜,使其健壮生长。如果不及时破膜,幼苗在地膜下生长,苗木会黄化,长时间就会死亡。注意引苗出膜后将幼苗四周用土压严,以防止高温时地膜下热气从破口处向外散发,伤害幼苗。

(2)及时浇水　由于早春干旱,苗木幼嫩,所以幼苗出土后要经常检查墒情,注意土壤保墒。干旱时注意及时灌水,特别是追肥后应及时浇水。

(3)中耕除草　浇水后为了保墒,应及时中耕,防止地面板结,减少土壤水分蒸发,增强土壤蓄水能力和通透性。夏季杂草较多时,应及时除草。

(4)追肥　5月中旬当苗木生长到一定的高度、木质化程度较好时,可以进行一次追肥,追肥量依土壤肥力状况和苗木生长状况而定,目的是让苗木加快生长。

(5)加强病虫害防治　在整个苗期要及时防治病虫害,以保证幼苗健壮生长。

(6)摘心　苗高40厘米时,清除砧木基部分枝;苗高60厘米时,及时对主茎摘心,促进苗木加粗生长。

6. 接穗采集与处理　枣树采用枝接。

(1)接穗采集　接穗必须采自优良品种的健壮结果树或采穗圃,一般应选择成熟度高的枣头一次枝或二次枝作接穗,以一次枝最好,粗度以直径6～10毫米为宜,要求芽体饱满,枝条充实,无病虫害。

(2)接穗处理　为了使接穗在贮藏期间和嫁接成活前不失水,需对接穗进行蘸蜡处理,即将接穗全部用蜡封住。蘸蜡前将接穗剪成2个芽为一段(10厘米左右)。蘸蜡方法为:把石蜡在容器中熔化,蜡的温度升到95℃～100℃时接穗蘸蜡,先蘸一头后反过来再蘸另一头,使两头封蜡面相接,蘸的速度越快越好。以蜡层薄而透明为宜。如蜡层厚而发白,说明蜡温太低,应加热增温,但不能超过105℃,以免烫伤接穗。

7. 嫁接　枣树采用硬枝嫁接,在春季萌芽前进行,一般在4月份嫁接最好,嫁接方法有劈接、切接、腹接等方法。

(1)削接穗　根据嫁接方法,将剪好封蜡的接穗在其下部削成2厘米长的斜面,对侧削成1~2厘米长的斜面,形成偏楔形,要求斜面一定要平滑,保证愈合良好,成活率高。

(2)切砧　在砧木5厘米左右处平剪,再在剪口一侧稍内部位向下直切,要求切口的长度与接穗的斜面长度相等(2厘米左右)。

(3)插接穗　接穗长斜面靠里,短斜面靠外,插入砧木的切口内,使二者的形成层对齐,然后用塑料条绑缚。

8. 嫁接苗管理

(1)除萌蘖　随着气温的上升,砧木芽萌发,要及时除去萌蘖,以便集中养分促进接口愈合和接穗芽生长。

(2)检查成活并补接　嫁接20天后及时检查成活情况,没成活的及时补接。

(3)解缚　当接口完全愈合、接穗芽生长到30厘米左右时进行解缚,注意解缚时间不宜过早,否则接口愈伤组织会风干,导致嫁接失败;过迟接口加粗生长受到抑制,出现明显缢痕,苗木容易折断。

(4)防风引缚　多风地区在苗木解缚后须用立柱或横拉铁丝引缚方法固定苗木,防止苗木折断。

(5)施肥浇水　在5~7月份苗木生长高峰期,根据苗木生长状况及时进行土壤和叶面追肥,追肥后及时浇水。并及时中耕除草。

(6)摘心　当嫁接苗生长到1米高时,对其顶端摘心,促进苗木成熟和苗茎的加粗生长。

(二)扦插育苗技术

扦插是枣树无性繁殖的方法之一。扦插一般分为硬枝扦插和嫩枝扦插。枣树硬枝扦插成活率低,生产上很少采用。嫩枝扦插又叫绿枝扦插,近年发展很快,具有繁殖系数高、苗木根系发达、种苗纯度高等特点。

1. 插床准备 育苗地应选在地势平坦、排灌方便、背风向阳的地方。苗床长7~10米、宽1.1米,床面上铺7厘米厚的河沙作为扦插基质。

2. 插条处理

(1)采集 采集枝条要在上午9时之前和下午4时以后进行,或在阴天时最好。用半木质化枣头枝或二次枝,剪成长15~20厘米枝段。在采条的过程中,随时对枝叶进行喷水。保证插条不失水,插条保留3~4个枣吊,插条以中、基部的半木质枝条为好。

(2)浸泡 把剪好的插条放在100毫克/千克的ABT 6号生根粉溶液中浸8~12小时,以备扦插。

3. 扦 插

(1)扦插时间和方式 6月中旬至8月上旬,按6厘米×8厘米的株行距,深2~3厘米,打孔直插,插后压紧插条周围的基质,并用喷壶淋透水。

(2)插后管理 插完后立即盖上塑料拱棚,用全光人工间歇喷雾,将空气相对湿度控制在95%以上,气温控制在35℃以下,基质温度以30℃为宜。每3天喷1次0.1%多菌灵液和0.3%氮、磷、钾肥混合液,以有效防止黄叶、落叶。尽量不遮光,使插条有较好的光照条件以利于生根。一般4天开始形成愈伤组织,7天大量形成,15天开始生根,20天大量生根。

(3)幼苗移栽 扦插1个月后,当多数插条能形成5~10条长3~5厘米的发达幼根时,再经过1~2周的炼苗,根系逐渐木质化后(一般45天),选择阴天或傍晚进行大田移栽。栽植畦宽1.2米,每畦3行,株行距20厘米×50厘米。栽植时要随起苗、随栽植,无须遮荫,光照强时注意叶面喷水即可。移栽后第五天和第十天各喷 1 次透水。然后,加强正常的肥水管理,注意落叶后覆草保护越冬,翌年即可培育出健壮的枣苗。

(三)组织培养育苗技术

枣多采用根蘖分株、嫁接、扦插等方法繁殖苗木,其繁殖系数低、速度慢,极大地限制了名优良种的推广和大规模发展。苗木组织培养是一种先进的育苗技术,它利用植株的离体器官(根、茎、叶)、组织或细胞,通过脱毒处理,在无菌条件及合理的培养基上分化增殖、生根,最后发育成一个完整的植株。这种方法具有去除病毒、生长快、周期短、繁殖系数高、周年生产等特点。枣组织培养育苗技术要点如下。

1. 外植体的取材与处理 选取品种纯正、无病虫伤害的优良母株,剪取新抽出的枣头,除去不用的部分,切割成带 1~2 个芽的茎段,在自来水下流水冲洗几分钟至数小时,然后用肥皂水溶液或洗衣粉溶液轻轻擦洗,再在流动水中反复漂洗多次,冲净残存的肥皂粉或洗衣粉。接着将漂洗过的材料在超净工作台上先用 70% 酒精消毒 0.5~1 分钟,然后再用 0.1% 的氯化汞溶液消毒 3~5 分钟,每次消毒后用无菌水涮洗 3~10 次。

2. 初代培养 处理好的外植体就可以转入初代培养的培养基上,通过脱毒处理,在无菌条件及合理的培养基上诱导外植体形成丛生芽。培养基用 MS 培养基较好,培养基配制以 MS+6-BA(分化激素)2 毫克/升+IBA(生长激素)0.4 毫克/升+琼脂 5 克/升+糖 20 克/升为宜。10 天左右叶腋开始出现不定芽,并抽出 2~3 个小枝、呈丛生状,1 个月时这些小枝可长至 3~4 厘米,每小枝 3~4 节。

3. 继代培养 继代培养也就是繁殖体的分化增殖,一般情况下,4~6 周内可增殖 3~4 倍。具体做法:在超净工作台上将初代培养的培养材料剪成长 1~2 厘米的茎段,转接到分化培养基上进行分化增殖培养。培养基的配制以 MS＋6-BA 1.5 毫克/升＋IBA 0.5 毫克/升＋琼脂 5 克/升＋糖 40 克/升为宜,温度以 25℃～27℃为宜。

4. 生根培养 当继代培养繁殖的数量达到一定程度时就应考虑使其一部分转入生根培养阶段,进行生根培养,形成根、茎、叶完整的植株。具体做法:当继代培养材料长到 4～7 厘米时,在超净工作台上转接到生根培养基上。培养基的配制以 1/2 MS＋6-BA 0.01 毫克/升＋IBA 0.1～1 毫克/升 ＋NAA 0.1～1 毫克/升＋琼脂 5 克/升＋糖 15 克/升为宜。

5. 温室炼苗 当培养材料在生根培养基上生长 30～40 天,高达 6～9 厘米,有 3 条以上正常根时即可移栽至温室。苗床基质要保持疏松通气,根系生长基质用腐殖质与土按 1∶1 混合,用高锰酸钾消毒。温室炼苗湿度是关键,能够控制好湿度,保持小苗的水分供需平衡,成活率就高;反之则低。

6. 大田定植 当在温室中苗木长到高 40 厘米、根茎粗 0.5 厘米时即可定植于大田。

思考题

1. 枣树健壮苗木的标准要求是什么?
2. 枣树苗木繁殖方法有哪些?
3. 简述嫁接育苗的技术要点。
4. 简述绿枝扦插育苗的技术要点。
5. 简述组织培养育苗的技术要点。

第五章 枣园建立

一、专业知识

枣树是多年生、商品率很高的植物,在一地生长结果多年,一旦栽植上,就不应轻易移植或砍伐。因此,在枣园建立前做好枣园规划设计十分必要,从而满足枣树生长结果对气候环境条件、立地条件的要求。

(一)生态环境条件要求

1. 气候条件要求 枣树对温度有较强的适应性,冬季最低气温不低于$-31℃$,枣树就能安全越冬。花期温度要求22℃以上,果实成熟的适温为18℃～22℃,气温降至15℃开始落叶。枣树落叶较早。根系萌动的土壤温度要求为7.2℃以上,生长高峰要求土壤温度为22℃～25℃,土壤温度降至21℃生长缓慢,2℃以下开始休眠。

枣树为喜光植物,对光照要求较高。树冠外围和向阳面由于光照条件好而结果多,品质好。生长在山阴坡或者树冠郁闭的枣树,由于光照不足,结果少,品质差。山区发展枣树,特别要注意选择向阳的坡地。

枣树是抗旱、耐涝的优良树种,对湿度的适应性强,年降水量1 000毫米以上地区有品质优良的鲜枣栽培;年降水量在400～600毫米的河北、河南、山东、陕西、山西等省为枣的最佳产区;年降水量不足100毫米的新疆、甘肃敦煌也有较好的枣果生产。当30厘米土壤含水量低于5%时,枣树出现暂时萎蔫;含水量为3%时,出现永久萎蔫。枣果进入成熟季节若多雨,特别是鲜食枣容易造成裂果。枣树很耐涝,枣园积水不超过两个月,枣树不会因涝致死。枣树耐瘠薄,耐干旱,适宜干旱山区种植。

枣树在海拔 1 500 米以上仍能正常生长。枣树抗风能力强,但花期遇大风,特别是遇到沙尘暴会降低座果率。果实成熟时遇到大风容易造成大量落果。发展枣树要避开风口建园。

2. 土壤条件要求 土壤是枣树生长发育中所需水分和矿质元素的供应地,是枣树生长的根源。土壤的质地、厚度、温度、透气性、水分、酸碱度、有机质、微生物等对枣树根系、枝、叶、花、果的生长发育有着直接的影响。枣树对土壤适应性强,耐瘠薄,耐盐碱,抗旱、耐涝,对土壤选择不严格,南方的红壤、紫壤,北方和中原地区的黏土,黄河故道的冲积沙土,均能生长,一般以砂壤土最佳。因此山地、平原、河滩、沙地均有枣树栽培。

(二)地理位置、交通条件和市场辐射面要求

在枣园建园之前,应当充分考虑果园时所在的地理位置、交通条件和市场辐射面对果园经营的全面影响,综合分析,慎重考虑。

1. 地理位置要求 枣树适应性强,耐干旱,耐瘠薄。丘陵山地光照充足,昼夜温差大,通风条件良好,病虫害发生程度较轻,果实品质好,是枣树的理想栽培地。应注意的是丘陵和山地地形变化较大,海拔每升高 100 米,气温降低 0.4℃～0.6℃,对土温也有一定影响。丘陵山地的坡向不同,日照时数及土壤的温、湿度不同,对枣树生长发育也产生不同的影响。一般丘陵地果园的南坡较北坡温暖,春季地温上升快,日照时间长,因而物候期开始早,结束较迟,果实成熟早,着色及品质均较好。

沙滩地、老河道及平洼地栽植枣树,由于地势平坦、土层深厚,枣质量好,产量高,而且便于机械化作业,有利于建成大型枣园。但这类园地一般土质瘠薄,天然肥力差,保水、保肥能力低,

应增施有机肥,改良土壤。地下水位不能过高,应在1米以上。

总之,地势、地形、坡度、坡向、土层对小气候和枣树生长影响很大。在建园时应综合考虑。

2. 交通条件要求　为了便于建园所需物资材料、肥料的运进和将来果品的及时运出,应将园址选在交通较为方便的地方,但是又不能靠近车辆流量大的干线公路和高速公路旁,最好距离公路100～150米以外,以免因汽车尾气中的铅等重金属和氮氧化物等废气造成对植株和果实的污染;远离工业区和大工厂,以免工业"三废"污染。总体要求是:产地大气质量必须达到国家制定的无公害质量标准;园地应靠近水源,如河流、沟渠和水库,以便于灌溉。

3. 市场辐射面要求　枣树的栽培最终要以商品的形式走向市场,因此市场辐射面对枣园的建立有至关重要的影响。我们在建园之初要充分考虑产品和市场的方方面面,综合地加以评估。首先要考虑的是所选择的区域。该区域是成熟的枣栽培区还是新开辟的枣栽培区域,如果是成熟栽培区,那么已有市场是否已经饱和,在市场上有什么优势,有什么创新点。如果为新开辟的栽培区域,应该考虑如何来开辟本地区的市场,所在栽培区和邻近栽培区相比有什么优势。其次应该考虑所要栽培品种的栽培目的,是制干还是鲜食,如果为鲜食品种,考虑果园位置是否临近消费人群,是否有保鲜贮藏设施,销售是否畅通等问题。

二、操作技能

(一)枣园规划与设计

1. 小区规划　应遵循同一小区内土壤、气候、光照等条件基本一致的原则来安排品种,将果园划分为若干小区,以保证小区内条件的相对一致性；小区规划应防止果园土壤受侵蚀,减少和防止果园受风害,便于果园运输和生产作业,便于经济利用土地。

小区面积应根据实际立地条件而定,一般气候、地势和土壤条件基本一致的平地枣园以4~6公顷为一个小区;气候、地势和土壤条件不太一致的情况下以3公顷左右为宜;丘陵、山地枣园以1~2公顷为一小区;低洼盐碱地小区以台田为单位划分小区。

小区的形状以长方形为宜,长边与宽边的比例为2~5:1,平地小区长边应与当地主要有害风向垂直;山地的小区长边要与等高线相平行。

2. 果园道路规划 果园道路规划取决于果园的规模、地势和小区的数量。大型果园的道路分为主干道、支路、小路。主干道一般宽6米。支路为连接各小区与主干道的通路,主要用于人行道和大型机具的道路,一般宽3米。小路一般宽1.5~2.5米。坡地果园的道路设计极为重要,主道可环山或呈"之"字形设置,顺坡的主路或支路可设在分水线上,与坡向垂直的路要有0.1%~0.3%的比降。观光采摘果园的道路设计在遵守以上要求的同时还应考虑到整体的美观效果和观光采摘者的出行方便。小型果园根据自然状况设计道路,不强求整齐规范,以实用为原则,尽量减少占用更多的土地。在设计道路和建筑物规划设计上一定要在规定的比例中考虑,尽量少占用土地。道路规划要以实用为原则,节约土地。

3. 果园防护林规划 在枣园四周或园内营造防护林带,对减轻果园风害、提高果园空气湿度、缓和气温变幅、防止水土流失、保证蜜蜂的活动等方面有明显的效应。

果园防护林带的有效防护范围与林带类型有关,一般为树高的25~30倍,而最有效的防护范围通常为树高的15~20倍。大型枣园的防护林一般包括主林带和副林带,原则上要求主林带应与当地有害风或常年大风的风向垂直。小型枣园可以只设环园林带。

第五章 枣园建立

防护林的树种宜采用生长快、寿命长、树冠紧凑、根系分布深、对当地风土适应性强的树种。防护林树种本身应具有较高的经济价值,与枣树没有共同的病虫害,更不能是枣树病害的中间寄主。常用的树种有杨树、柳树、槐树、白蜡、紫穗槐、山杏、山桃、花椒、黑枣等。采用乔灌木结合。

防护林带的类型有3种:紧密林带、透风林带和半透风林带。生产上一般选用半透风林带,这种林带由一层高大乔木和一层灌木组成。

4. 建筑物及附属设施规划 果园建筑主要根据果园面积的大小,可以考虑规划管理用房、贮藏室、车库、肥料农药场、配药场、果品贮藏库、农具室和包装场等。一般在2~3个小区中间、靠近干路和支路设立休息室和工具库。配药场应设在较高的部位,以便由上往下运输,或者沿固定的渠道自流灌溉。包装场、果品贮藏库和其他建筑应设在交通方便和有利于作业的地方。

在小型果园,其建筑物不要过多考虑。如需要,可以考虑在果园的边缘建立小型实用的工具房,也不要占用过多的土地。在建筑物规划设计上一定要在规定的比例中考虑,尽量少占用土地。建筑用房要以实用为原则,节约土地。

5. 灌排水系统规划 枣园的规划必须充分考虑灌排系统的设置。枣园用水的来源一般为河流水库水和地下水。灌溉系统的规划要依据灌溉方法而定,常用的灌溉方法有地面灌溉、地下灌溉、喷灌和滴灌。

具体采取哪种方法根据实际情况而定。靠地下水灌溉的枣园,应当每6~7公顷配备机井一眼。配水系统包括干渠、支渠、园内的灌水毛渠,可以与园内道路相配合。山地枣园可以采用制高点处修贮水池、贮肥池。在水源条件较差、水土流失较重的枣园,推广低压管道输水灌溉、滴灌等节水灌溉。

地下水位高、易积水的平地果园,应重视排水系统的设置,挖排水沟和排水干沟与园外相连,以便及时排涝。山地枣园排水系统是由集水沟和总排水沟组成。集水沟与等高线一致,梯田集水沟应修在梯田的内侧,比降与梯田一致。

(二)品种选择与配置

品种的选择应当首先了解其生物学特性,了解其对环境条件的要求。只有在其最适宜的地区栽培,才能充分发挥该品种的特性,达到优质、高产的目的。适宜品种的选择应从以下几个方面进行考虑。

第一,果实的利用目的。如果是用于鲜食,则应选择果实相对较大、外形美观、着色鲜艳、品质优良、丰产的鲜食品种,早、中、晚熟品种搭配;如果用于制干,则应选用果实大小整齐、果皮薄、含糖量高、含维生素C高、制干率高的优良品种。

第二,风土适应性。尽管枣树的适应性较强,栽培范围广,但具体到某一个地区、某一个小区的气候环境,品种间的适应性是不一样的。一般来讲,对于长江流域及华北地区和山西、陕西等省,现选育出的大部分品种基本能适应这些地区的气候条件,在良好的土壤上都能栽培。但值得注意的是在我国南部地区应选择耐热品种进行栽培;而在我国北部地区,则应选择抗寒力强的品种栽培。

第三,发展趋势。品种发展趋势与人们对产品的消费类型密切相关,它直接受栽培的经济效益所制约。了解市场发展的动态趋势,对于品种的选择很有帮助。如何掌握某一新品种发展的合适时期,将对高效栽培起重要的作用。

第四,果园的功能定位。大中城市和旅游景点周边的观光采摘果园,应遵循多品种的发展原则,拉长观光采摘的时期,创造更好的效益;同时,在选择品种时,在考虑该品种的优良品质的同时,可以兼顾考虑其观赏效果。

第五章 枣园建立

(三)栽植方式与密度

1. 栽植方式 目前生产上果树采用的栽植方式主要有长方形、正方形、三角形和双行带状栽植。但以长方形栽植方式应用最为普遍。枣树也采用长方形栽植方式,即株距小,行距大,如2米×5米、3米×5米、4米×5米、4米×6米等,这种栽培方式成形后行间受光条件好,便于行间操作,单位面积株数多,密度大,早期丰产,是发展的趋势;山地果园一般采用等高线栽植,坡度小于15°可采用倾斜地栽植。山地果园光线好,可适当密植。

2. 栽植密度 枣树适宜的栽植密度要根据地势、气候、土壤、品种特性及管理等因素来确定。丘陵、山地土壤瘠薄,树冠发育小,可以适当密植;平地、肥沃地可以适当稀些。生长势弱的品种可以密些,生长势强的品种可以稀些。按长方形的栽植方式可以选择2米×5米、3米×5米、4米×5米、2米×4米、3米×4米、1米×3米、2米×3米等栽植密度。枣粮间作园株行距一般为3~5米×15~20米。

(四)栽植时期

枣树和其他落叶果树一样,春、秋两季均可栽培。但栽培最适宜的时间,应根据当地的自然条件而定。

1. 春栽 在我国北方,冬季比较寒冷,秋季栽培容易受冻抽条,一般在春季土壤解冻后枣树发芽前栽植。春栽一般发芽较晚,缓苗时间比较长。如果遭遇春旱,则会影响成活,因此有灌溉条件的地区,适宜春季栽植。

2. 秋栽 在我国中南部地区,一般提倡秋栽,在枣树落叶后至土壤封冻前进行。此时土壤温度仍高,根系可以有一个恢复的时期,有利于伤口愈合,新根发芽早,翌年生长较好。

(五)栽植技术

1. 土壤改良 枣树适应性很强,对土壤和地势要求不严格,丘陵山地、荒滩、河套、平地都可栽培。但对于立地条件较差的土壤,栽植前应进行土壤改良。山地、丘陵地栽植前应进行水土保持工程,修筑水平梯田和撩壕,扶唇垒堰;在沙地建立枣园可进行掺黏土和种植绿肥进行土壤改良;在盐碱地栽植枣树,可修建条田和台田,有利于排水和降低地下水位,减少表层土壤中的含盐量;沙荒地栽植枣树前,要进行整理,及时培肥地力。

2. 挖定植坑 根据规划,按照株行距要求,用测绳标记定植点。以定植点为中心进行挖穴,穴的大小一般为直径和深度均为60~80厘米。定植穴大小依土壤状况而定,肥沃土地定植穴可小些,山地土质条件较差定植穴可大些。挖穴时表土放一侧,底土放一侧。密植园可以选用机械挖定植沟。提倡秋季挖定植穴,春季定植。

3. 施基肥 按照每667平方米施入5 000千克腐熟有机肥的要求,将肥料与表土混合后回填定植穴中,可以采用及时浇水,下沉后及时定植,也可以回填土后及时定植、然后浇水。

4. 苗木整理 定植前需要对苗木进行整理,将苗木的根系进行修剪,特别是对稍粗壮的根、受伤的根系要修剪到见新茬,有利于产生愈伤组织,容易产生新根。山地干旱果园提倡根系蘸泥浆定植,有利于成活。

5. 定植 回填的表土与有机肥在定植穴内呈馒头状,把根系舒展开,左右、前后对齐填土,当土填至2/3时将苗子轻轻提动,使其根系舒展并与土壤附贴,然后填底土,边填边踩实,直至与地面平,把余下的土在树干周围培土埂,然后浇足水。天气干旱,1周后灌第二次水,并及时覆土封树盘或覆盖地膜,防止水分蒸发和树干摇动。值得注意的是,在定植时苗木的嫁接口不要朝向西北方向,防止西北风将苗木从嫁接口折断。

6. 定干 定植后要及时对苗木定干,减少枝干蒸发量,有利于苗木成活。定干就是把定植的苗木留一定的高度剪截。一般枣树定干高度在 60~80 厘米,要求上部 20 厘米的整形带内芽要饱满,便于生长健壮枝条。

7. 定植后管理 萌芽后及时对基部的萌芽进行抹除。干旱时及时灌水,及时除草松土。6 月份及时追肥,加强病虫害防治。干旱地区注意幼树的冬季防寒等。

思 考 题

1. 枣园规划包括哪些内容?
2. 枣园品种配置应遵循哪些原则?
3. 如何确定枣树的栽植时期?
4. 如何确定枣树栽植方式与密度?
5. 简述枣树栽植技术要点。

第六章 枣园土肥水管理技术

一、专业知识

(一) 土壤对枣树生长发育的影响

1. 土壤类型与质地对枣树的影响 为了生产出高质量的枣果实,栽培果园的土壤类型和质地非常重要。枣树对土壤的适应性强,不论沙质土、黏质土、山丘地均能生长,高山也能栽培。

砂壤土疏松、透气性好、微生物活跃,其上生长的枣树根系发达、植株健壮、根深、枝壮、叶茂、花期长、结果多。但是不同的枣树品种对土壤的适应性也不一样,如木枣、油枣适应能力强,是山西省西山地区的主栽品种;不落酥、梨枣适于高水高肥的平地栽培;骏枣、壶瓶枣适合于山边栽培;野生酸枣适合于瘠薄的土壤,甚至连杂草都不生的地方也可以生长。因此我们在发展枣树产业的时候要综合考虑本地情况,改良土壤,充分利用荒坡隙地以及废弃沙荒地栽植枣树,这样既可以绿化美化环境,又可以增加经济收入。

2. 土壤酸碱度对枣树的影响 枣树对土壤酸碱度的适应范围较宽,pH5.5~8.2之间为枣树适宜生长的范围,pH高于8.2或低于5.5枣树均不能很好的生长。土壤的酸碱度以中性为好,但在偏酸性和偏碱性土壤上也可以生长,枣树能在总盐碱量不高于0.3%的土壤上正常生长。

3. 土壤有机质含量对枣树的影响 有机质是土壤有益微生物活动的基质。通过土壤微生物的活动分解有机质,既为枣树提供了可吸收的营养,又为土壤积聚了大量的腐殖质,改善了土壤结构,提高了土壤的通气透水性和保水性,使土壤肥力在生产过程中得到恢复和提高。有机质不仅可为果树提供营养物质,更主要是培肥土壤。增施有机肥可改善土壤微生物活动,增加土壤活性物质、有机质与矿质颗粒的融合,形成良好的微团聚体,改善土壤的理化性状,增强土壤的缓冲性和自控能力,为果树的根系发育提供一个良好的土壤环境。因此,在枣树栽培过程中,在条件允许的情况下,我们要尽可能地选择土壤肥沃的地块建立枣园,并且要充分利用栽培措施来改良土壤,提高土壤有机质含量。

(二)枣树的需肥规律与营养诊断

1. 需肥规律 枣树生长发育必需的营养元素有16种,除了碳、氢、氧从空气和水中获得外,其余13种均从土壤中获得。对氮(N)、磷(P)、钾(K)、钙(Ca)、镁(Mg)、硫(S)需要量较大,称为大量元素;对铁(Fe)、硼(B)、锌(Zn)、锰(Mn)、铜(Cu)、钼(Mo)和氯(Cl)需要量较小,称为微量元素。其中氮、磷、钾又是最重要的三要素。氮能促进新梢生长,使叶面积增大,提高光合作用,从而促进幼树生长和成龄树开花结果;磷能促进花芽分化,提高座果率;钾能促进果实成熟,提高果实品质。

氮是构成蛋白质的主要成分,也是叶绿素的组成部分。氮素可以增强枣树新梢生长,提高光合作用的效能,有利于光合同化物的积累,可以促进树体生长,促进开花结果,提高产量。如果氮素供应不充分,则会造成植株生长不良,叶片小,落花落果严重,新梢生长量小,树势衰弱,寿命缩短。如果氮素过多,则容易造成植株营养生长旺盛,落花落果现象严重,产量降低,延迟树体休眠,容易造成冻害。

磷是核蛋白质的重要组成部分,在碳水化合物的代谢中起着重要作用。磷能促进枣树花芽分化,促进根的发育,提高座果率,增大果实体积,改进品质,增强树体的抗逆能力。磷素不足会使枣果实品质发育不良,产量降低,果实含糖量减少,适应能力下降,生理活动减弱。

钾以离子状态或者可溶性盐类吸附在原生质上,是许多酶的催化剂。钾可以促进新梢生长,促进光合作用,促进糖类代谢和蛋白质的合成。故可以提高果实品质,促进果实成熟,增强耐贮运能力。如果钾素不足,则光合同化物减少,养分消耗增加,果实品质下降。

钙是一种不易流动的元素,主要存在于叶片或者比较老的组织中。钙能促进硝态氮在枣树中的转化,加速叶绿素的合成,促进根的生长和呼吸作用。如果钙素匮乏,则细胞壁不能很好的形成,细胞不能正常分裂,生长受阻,严重时可能造成植株死亡。

微量元素对枣树的生长和结果都有良好的作用。硼能促进花芽分化,促进花粉管伸长,有助于受精和提高座果率,还能促进根的形成、生长和愈合组织的生成,并能提高果实中维生素和糖类物质的含量,提高品质;锰能增强呼吸作用和光合作用,促进叶绿素形成,加速糖的形成和转移,有利于根的愈合和生长;锌对促进生根,提高座果率,增加产量均有较好的作用;稀土元素对枣树的生长发育和开花结果也有很好的作用,可以使枣树枝叶繁茂,光合作用增强,叶绿素增加,减少植株发病,提高果实着色度和糖分,减少落果,增加产量。

2. 营养诊断 所谓营养诊断,就是指根据对植物和土壤所含的营养成分进行化学分析的结果来判断营养盈亏状况的方法。传统的营养诊断主要是根据植株生长状态,即形态诊断。这种方法虽然不是十分准确,但在缺少其他现代分析方法的时候还是一种常用的方法。要做到准确定量的判断,必须依靠现代分析手段,即土壤分析或叶分析。常用的枣树营养诊断方法如下。

(1)根外施肥诊断 在外观诊断的基础上,若不能断定植株是何种元素的缺乏时,可借助于根外施肥诊断。具体做法是:配制一定浓度的（一般0.1%～0.2%）含有某种微量元素的溶液，喷施到病株叶部，或者采用浸泡、涂抹等方法，将病叶浸在溶液中1～2小时，观察叶片的颜色、长相和生长势等变化。若发现病叶有所恢复或新叶出生速度明显加快，且叶色正常，即可确定是由于缺乏何种元素引起的。

(2)土壤分析诊断　从果园中挖取有代表性的土样，经过适当处理和相应的分析，测定出各种矿物质营养元素、有机质含量和酸碱度等，根据分析结果，判断某种营养元素的盈亏程度，从而决定施肥种类和施肥量。

(3)形态诊断　形态诊断是一种直观辅助性的营养诊断方法，是根据果树的外观形态，判断营养的盈亏，它要求果树经营者具有丰富的经验。通常通过对叶片大小、叶片薄厚、枝条粗细、芽眼饱满程度、枝梢生长状态、结果状态等确定营养是否正常，如出现异常，应采取措施加以改善。

(4)叶分析诊断　近20年来，国外广泛采用叶片分析来确定和调整果树的施肥量。果树的叶片一般能及时准确地反映树体营养状况。叶分析诊断通常是在形态诊断的基础上进行。特别是某种元素缺乏而未表现出典型症状时，须再用叶分析方法进一步确诊。一般说，叶分析的结果是果树营养状况最直接的反映，因此诊断结果准确可靠。叶分析方法是分析植株叶片的元素含量，与事先经过试验研究拟定的临界含量或指标（即果树叶片各种元素含量标准值）相比较，用以确定某些元素的缺乏或失调，并参考土壤养分分析结果指导施肥。叶分析的标准值是一个范围，不同的品种表现出一定的差异。

(三)枣树的需水特点

枣树在不同的生育时期对水分的需求不同。枣树在生长过程中需要大量的水分，特别是生长前期，降水量小，前期干旱容易造成发芽晚,各器官发育不健全,生理落果严重,所以在雨季到来前干旱时应适当浇水。

催芽水在4月上旬、追肥完毕后进行,满足枣树发芽、枣头和枣吊生长及花芽分化的需要。

助花水在5月下旬至6月上旬初花期进行,这时天气干旱,空气湿度小,应结合叶面喷肥,进行树冠喷水,防止焦花,提高座果率。此时喷肥要选用有利于枣花座果的稀土等肥料或其他激素等。

促果水在7月上旬、幼果速生期进行,以促进枣果细胞的迅速分裂和膨大。

枣树在生长后期雨季到来后要注意防涝,防止树下长时间积水。如果阴雨连绵,果园排涝不畅,则容易造成落果、裂果和浆烂等不良情况。

二、操作技能

(一)土壤管理技术

土壤是果树得以固定和生长发育的基地,是果树生长结果的基础,是养分和水分的源泉。一般讲的土壤管理仅指土壤耕作管理或土壤表面管理。

1. 深翻改土 它对所有的果园都是适用的。因为即使在平地建园,尽管土壤较肥沃,但在种植大田作物时,旧式犁耕深10厘米,机耕犁耕深15~20厘米,深松犁耕深亦不足30厘米。而果树根系的分布,浅根系果树主要集中在20~40厘米土层内;深根系果树主要集中在60厘米土层内,有的甚至更深,如干旱区可达100厘米以上。所以对果树来说,任何立地条件的土壤都需要深翻改良,不仅在定植时需挖深坑大穴或定植沟,还需在果树幼龄期继续完成全面的深翻改良。

果园深翻离不开增施有机肥,深翻结合增施有机肥才能对土壤起到熟化作用。深翻时可利用的有机肥种类很多,除畜禽粪便外,还有秸秆或秸秆堆肥、野生杂草、各类屠宰场的废弃物等。还可利用人工种植的绿肥和野生绿肥。河滩地冲积沙砾土含沙量大,漏水漏肥,可以实施深翻改土的同时进行客土。对于土层下有沙层或沙层下有黏土层的河滩地土壤,通过深翻可打破原有的沙层或黏土层,使之充分混合。再加上深翻混合土的同时增施有机肥,将得到良好的改良效果。

土壤改良的时间,以建园前一次性改造完毕为好,但实际上能这样做的很少。一般是从建园开始,到定植后的3~5年内完成。这样既可分散改土用工,又可分年用肥,保证幼树生长。从每年的改土时间看,以秋季为好,特别是8月中下旬至9月上旬,这时是果树根系生长的第二次或第三次高峰,改土有利于根系发育,伤根容易恢复。深翻改土的深度以不少于60厘米为限。

2. 中耕除草 中耕除草是枣树生产中的一项重要的农业措施,通过中耕,可以疏松土壤,增加土壤的通透性,有利于微生物的活动,促进有机质的分解,增加土壤养分,促进根系和地上部的生长;中耕的同时消灭了杂草,避免了杂草与枣树的养分竞争,减少了病虫害;早春中耕还能减少水分蒸发,提高地温,利于根系生长。但同时也存在使土壤有机质迅速降低,土壤结构受到破坏等弊端。

中耕除草在枣园中一般每年进行3~5次,枣粮间作的果园可结合作物的管理进行。中耕深度6~10厘米。对山坡丘陵地枣园,通常采用刨树盘的土壤管理措施,即在秋末冬初或者在早春于树干周围1~3米范围内用铁锹挖松15~30厘米的土层,靠树干浅挖,向外逐渐加深。同时应结合中耕整修梯田树盘,防止水土流失。

3. 果园免耕 果园土壤耕作管理的免耕法,即是果园土壤表面不耕作或极少耕作,用化学除草剂灭除杂草的一种土壤管理方法。国外果园应用得比较普遍。

在密植枣园或者山坡丘陵枣园,人少树多的情况下可推广使用免耕方法,利用化学方法除草。利用化学方法除草的特点是:除草效果好,保持时间长,省工、成本较低,简便易行,并能缓和劳动力紧张的矛盾。但由于除草剂会造成一定的污染,因而逐渐受到人们的抵制,所以除草剂要少施或尽量不施,也可换用一些高效低毒的除草剂,以减轻污染。除草剂按其作用方式可分为触杀型、内吸型和内吸触杀型3种。有机枣园严禁使用化学除草剂。在枣园除草可选择以下几种除草剂。

扑草净:内吸传导型除草剂,光照越好,杀草作用越明显。扑草净杀草范围广泛,对稗草、牛毛草、三棱草、鸭舌草、灰绿藜、马唐、狗尾草、蟋蟀草、节节草等杂草的防除效果好。在杂草出土前后使用效果好。撒施在土壤中耕后进行,每667平方米用药150克,喷施可用300~400倍稀释液。作用有效期20~70天。

敌草隆:内吸传导型除草剂,也有触杀作用。气温高、光照强的天气除草效果好。对马唐、狗尾草、野苋菜、旱稗草、蓼、莎草等1年生杂草和多年生杂草及灌木都有防除作用。在杂草萌动时用药剂200毫升加水40升,杀草率可达90%,作用时间60天。

草甘膦:又名镇草宁或磷甘酸。是一种高效低毒的除草剂,传导性强,除草活性高,喷后经24小时后就能传入根部,使根系死亡。浓度为10%的水剂,对1~2年生杂草,用量为0.4~0.5千克/667平方米,并加100克肥皂粉作展着剂。对多年生杂草,用量要适当增加,用量为1~2千克/667平方米,喷后可维持2个月的效果。对种子无杀伤作用,苗圃地及成龄果园均可使用。

国外果园土壤管理多采用免耕法,主要与他们的果园土壤比较肥沃有关。我国果树多栽培在贫瘠的土壤上,人们推广使用改良免耕法,效果更好。所谓改良免耕法,就是不采取全杀全灭的策

第六章 枣园土肥水管理技术

略控制杂草的害处,而是利用杂草有益的一面。

4. 果园生草 果园生草技术是发达国家普遍推行的果园土壤管理技术,近年来在我国也得到推广和应用。果园生草法狭义的概念是除树盘外,在果树行间播种禾本科、豆科等草种的土壤管理方法。而广义的概念是指人工全园种草或果树行间带状种草,所种的草多是优良多年生牧草。全园或带状人工生草,也可以是除去不适宜种类杂草的自然生草,生草地不再有除刈割以外的耕作。人工生草地由于草的种类是经过人工选择的,它能控制不良杂草对果树和果园土壤的有害影响。

(1)果园生草的作用 ①果园生草可以防止和减少土壤水土流失,特别是对山坡、丘陵易冲刷地和沙荒易风蚀地的果园效果好。一是因为草在土层中盘根错节,固土能力很强;二是因为生草条件下团粒结构发育好,大粒径的团粒多,土壤的"凝聚力"增强。②果园生草能增加土壤有机质含量,提高土壤肥力,改善土壤理化性质,使土壤保持良好的团粒结构。据试验测定,在30厘米厚的土层有机质含量 $0.5\%\sim0.7\%$ 的果园,连续5年种植野茅和白三叶草,土壤有机质含量可以提高到 $1.6\%\sim2\%$。③生草果园果树缺磷和钙的症状减少,果园很少或根本看不到缺铁的黄叶病、缺锌的小叶病、缺硼的缩果病。这是因为果园生草后,果园土壤中果树必需的一些营养元素其有效性得到提高。因此,与这些元素有关的磷、铁、钙、锌和硼等缺素症得到控制和克服。④果园生草使果树害虫的天敌种群数量增大,因此天敌控制虫害发生和猖獗的能力增强了,从而减少了农药的投入及农药对环境和果实的污染,这正是当前推广绿色果品生产所要求的条件。⑤生草果园土壤温度和湿度昼夜变化和季节变化幅度小,有利于果树根系生长和吸收活动。雨季来临时草能够吸收和蒸发水分,缩短果树淹水时间,增强了土壤排涝能力,特别对于枣这样的不耐涝树种尤为重要。同时,生草果园日烧病也减轻,落地果损失也减小。⑥果园生草便于果园推行机械作业,节省人力,提高劳动效率。

(2)果园生草的种类 人工种植的生草主要有白三叶、匍匐箭筈豌豆、扁茎黄芪、鸡眼草、扁蓿豆、多变小冠花、草地早熟禾、野牛草、猫尾草、紫花苜蓿、黑麦草、草木樨等。根据果园土壤条件、果树树龄大小选择适合的生草种类。

自然生草就是利用果园自然杂草的生草途径。具体做法是,生长季节任杂草萌芽生长,人工铲除或控制不符合生草条件的灰菜、千里光、白蒿等高大的杂草。国外这种自然生草果园比较普遍,我国还比较少。

(3)果园生草管理技术 枣园实施生草后要加强管理,具体管理技术如下:①果园生草主要采用直播生草法,即在果树行间直播草种子。分为春播和秋播,春播在3~4月份播种,秋播在9月份播种,也可采用先育苗后移栽的方法。②幼苗管理期。出苗后根据土壤墒情及时灌水,随水施肥,及时去除杂草,同时注意及时补苗,防止成片缺苗不整齐。③生草长起来后,根据生长情况,1年刈割2~4次,割下的草覆盖树盘。秋季长起来的草,不再刈割,可以在冬季留茬覆盖。可采用机械刈割,或人工刈割。④生草地一般刈割后施肥水,草长后不再单施肥水,随果树一同进行肥水管理。

(4)实行果园生草应注意的问题 实行生草的果园应注意以下几个问题:①生草果园要预防鼠害和火灾。秋后果园要采取树干涂白或包扎塑料薄膜预防鼠类啃食树皮。同时注意防火。②生草果园禁止放牧。特别是果园放羊,对草的破坏较大。③果园秋施基肥,随土壤肥力的提高可逐渐减少施肥。但树下施基肥可在非生草带内施用。实行全园覆盖的果园,可采用铁锨翻起带草的土,施入肥料后,再将带草土放回原处压实的办法。④生草果园最好实行滴灌、微喷灌等灌溉措施,防止大水漫灌。果园喷药,应尽力避开草,以便保护草中的天敌。⑤生草果园要注意清园,搞好果园卫生。刮下的树皮、剪下的病枝叶,含有大量的病菌和虫卵,应及时收拾干净,及时烧掉或深埋,不要遗留在草中。⑥草的更新。一般情况下果园生草5年后草逐渐老化,要及时翻压,使土地休闲1～2年后再重新播草。也有的地区采取施用除草剂和地膜覆盖的方法进行草的更新。使用除草剂与绿色食品和有机食品生产相矛盾。

5. 果园覆盖 果园土壤的表面覆盖,应用的覆盖材料较多,包括膜质材料、非膜质材料、土壤表面膜制剂和间作物留茬。果园采用的覆盖技术主要有秸秆覆盖、薄膜覆盖和石块覆盖。秸秆覆盖是果园应用最为普遍的技术,主要物料是杂草、绿肥、麦秸,覆盖方式有树盘覆盖、行内覆盖和全园覆盖。覆盖的厚度为15～20厘米,以后每年需续加麦秸,保证覆盖厚度。一般连续覆盖3年后全部覆盖物以有机质施入土壤,第四年再重新覆盖。果园秸秆覆盖具有提高土壤肥力、保土蓄水、减少土壤蒸发和径流、调节地温、促进根系发育、提高果实产量和品质、减少污染、灭草免耕等优点,但同时也存在地表氮素暂时亏缺,鼠害及病虫害有所增多,以及易发生火灾等问题。

6. 枣粮间作 间作就是在果园行间或空隙地种植适宜的农作物。果园间作具有抑制杂草生长,防止水土流失,缓和低温急剧变化,培肥地力等作用。枣粮间作是我国劳动人民创造的一种立体农业典范。枣树具有萌芽晚、落叶早、枝疏叶小、根系分布稀疏等特点,因此通过选择合适间作物和相应的配套栽培管理措施,可以合理地解决枣和粮之间肥水和光照的矛盾。适宜枣粮间作的农作物有小麦、豆类、花生、芝麻、棉花等。间作制度有春季间作小麦,秋季间作豆类或花生;春季间作小麦,秋季不间作;春季不间作,秋季间作花生或豆类。间作物必须是一次性成熟一次性采收,以免频繁采收践踏土壤,破坏土壤结构。更忌秋季间种萝卜、白菜等需大水大肥的作物,以免导致果树徒长,影响花芽分化和安全越冬,甚至对当年果实质量产生不良影响。

7. 水土保持 山地枣园,结合土壤管理,必须搞好水土保持工程。注意缓坡带种草,梯田砌石,及时修补坍塌,从而蓄水保土。否则肥水外流,根系暴露,生长不良,降低产量。水土保持工程,除了营造防洪林、防护林、防蚀林之外,还要修渠和加固梯田、鱼鳞坑,加高地埂。梯地环形排水沟淤土开通,以利于雨季排水。幼龄枣园空间大,在鱼鳞坑或梯田边缘点种作物或药用植物,既能保持水土,又增加收益。

(二)施肥管理技术

1. 肥料种类及选择 肥料的种类有有机肥、无机肥、生物肥料。

(1)有机肥的种类和特点 有机肥主要指各种动物粪便和植物等,经过一定时期发酵腐熟后形成的肥料,包括植物秸秆、人和家畜粪尿、绿肥和各种废弃物,就地堆沤,就地施用,因此,又叫农家肥料。有机肥又可分为人粪尿、厩肥、绿肥、堆沤肥、饼肥、土杂肥以及各种废弃物和腐殖酸类肥料。

有机肥主要作基肥,它分解慢,但肥效长。长期施用能改良土壤结构,增强地力,为植物提供全面营养,还可增加和更新土壤有机质,促进微生物繁殖,提高地温,减少冻害,促进根系生长,提高果实品质。有机肥是绿色食品和有机食品生产的主要养分来源。

(2)无机肥的种类和特点 无机肥主要包括氮肥、磷肥、钾肥、复合肥和微肥等。无机肥的特点主要是见效快,而且能针对缺素症有针对性地施某种肥料。但无机肥的肥效短,只满足一个时期的需要,适宜作追肥。但磷肥可以作基肥。长期施用无机肥还会造成环境污染,使地力下降,加重水土流失和增加能量消耗。在配合施入大量有机肥料的前提下,施用化肥也不会造成太大的负面影响。

第六章 枣园土肥水管理技术

关于化肥施用后造成土壤环境污染的问题,主要是某些元素施用过量,如硝态氮过量施用就会产生 NO_2^-,所以硝态氮在绿色食品和有机食品生产中是禁止使用的。其次是在化肥生产中尽量减少有毒杂质,如化肥中的镉等有毒物质,需要在制造中消除。

复合肥是无机肥的一种,含有 2 种或 2 种以上大量元素,具有养分含量高、副成分少且物理性状好等优点,对于平衡施肥,提高肥料利用率,促进作物的高产稳产有着十分重要的作用。但它的养分比例是固定的,而不同土壤、不同植物所需的营养元素种类、数量和比例是多样的。因此,使用前最好进行测土,了解田间土壤的质地和营养状况。另外也要注意和单元肥料配合施用,才能得到更好的效果。高浓度长效的复合肥越来越受到农民欢迎,这种类型肥料的应用减少了施肥用量,方便耕作,免去追肥环节,减轻了劳动量,提高了肥料利用率,省工、省力、省时。复合肥分解慢、肥效长,宜作基肥。

(3)生物肥料的种类和特点　近些年来,我国各种生物肥料发展迅速,年产量达数十万吨以上。这些生物肥料以科技含量较高、增产效果明显和无公害为主要特点,它的生产、推广和应用对增进土壤肥力、提高农作物产量、改善农作物品质和切实推行农业可持续发展都有积极意义。

生物肥料是指一类含有大量活的微生物的特殊肥料。这类肥料施入土壤中,不是直接供给植物需要的营养物质,而是通过大量活的微生物在土壤中的积极活动来提供作物需要的营养物质或产生激素来刺激作物生长。

生物肥料的种类很多,现在推广应用的主要有根瘤菌类肥料、固氮菌类肥料、解磷解钾菌类肥料、抗生菌类肥料和真菌类肥料等。目前市场上除了根瘤菌类等少数肥料制品是含单一的有效菌外,大多数制品都是复合型的生物肥料。

生物肥料能提高土壤肥力,如各种固氮菌肥料,可以增加土壤中的氮素来源。解磷解钾菌类肥料可以将土壤中难溶性的磷、钾溶解出来,增加土壤中磷、钾元素的来源。另外,生物肥料还能促进作物的生长,改善农产品的品质。各种生物肥施入土壤中,都能产生不同的生长激素,刺激作物的生长,如5406放线菌生物肥,不但有拮抗病原菌的作用,还能分泌细胞分裂素促进作物的生长。真菌类的生物肥不仅在协助作物吸收磷、锌及铜等矿质元素方面有很强的作用,还有增强作物的吸水、保水能力以提高作物抗旱性的作用。

生物肥料常用于拌种、作基肥和追肥等,在使用方式上,生物肥可叶面喷施、蘸根等。

2. 施肥时期及施肥量

(1) 基肥 基肥的施入时期可分为春施和秋施,生产上推广秋施基肥,以9月上旬至10月中旬为宜。即根系的第二次生长高峰施入,此时施基肥效果最好。

基肥施用量应占枣树施肥量的80%,肥料种类主要有鸡粪、厩肥、饼肥、圈肥、堆肥以及作物秸秆、树叶、杂草等。并可混入适量的速效性磷、钾或复合肥,其效果更好。一般在生产上可按株产100千克左右的果实,每株施基肥100~150千克,即最少要达到1千克果1千克肥的水平。

(2) 追肥 以速效性化学肥料为主。枣树的追肥一般分4次进行:第一次追肥在萌芽前(4月上旬),以氮肥为主,适当配合磷肥,促进花芽分化;第二次追肥在开花前(5月中下旬),以速效氮肥为主,适当配合磷肥,促进开花座果;第三次追肥在幼果发育期(6月下旬至7月上旬),在施用氮肥的同时,增加磷、钾肥用量,促进幼果生长;第四次追肥在果实迅速膨大期(8月上中旬),氮、磷、钾肥配合施用,改善果实品质。对于成龄大树而言,萌芽前每株追施尿素0.5~1千克、过磷酸钙1~1.5千克;开花前追施磷酸二铵1~1.5千克,硫酸钾0.5~0.75千克;幼果生长期追施磷酸二铵

0.5~1千克,硫酸钾 0.5~1 千克;果实膨大期追施磷酸二铵 0.5~1千克,硫酸钾 0.75~1 千克。

3. 基肥的施用方法 秋施基肥是果园普遍应用的技术,基肥的施用方法主要包括:环状沟施、放射状沟施、条沟施和全园撒施等。

(1)环状沟施肥 对于土层薄、土质差、肥力低的枣园多采用环状沟施的方法。其方法是:在树冠外缘,垂直投影处的地面上,稍靠外面一点,挖深 60~80 厘米、宽 40 厘米的环形沟,施入肥料填平,施肥后及时灌水。有的果园将沟挖得宽一些,沟的下部填入一定量的秸秆、杂草与厩肥混合,填土踏实,灌水,效果很好。沟的宽窄和深浅依具体情况而定,施肥量大,特别是施用一些杂草时沟应深些。该方法适于幼树和初结果树,太密植的树不宜选用。

(2)放射状沟(辐射状)施肥 盛果期树,树体较大,根系分布较广,基肥施用量较多,为了少伤根,多采用放射状沟施的方法。其方法是:在树冠下,距树干 0.5 米左右处,以树干为中心向外开出 6~8 条放射状沟,沟深 30~60 厘米、宽 30~50 厘米,要里浅外深,里窄外宽,沟长可超过树冠投影外缘。施肥后覆土,并及时灌水。这种施肥方法伤根少,能促进根系吸收,适于成年树。太密植的树不适宜用。翌年施肥时,沟的位置应错开。

(3)条沟施肥 果树行间顺行向开沟,可开多条,随开沟随施肥,及时覆土。此法便于机械或畜力作业。国外许多果园用此法施肥,效率高,但要求果园地面平坦,条沟作业与流水方便。多用于密植园。

(4)全园撒施 盛果期树,全园已经挖通施肥沟以后,便可采用基肥平铺地面而后耕翻入土的办法。先把肥料全园铺撒开,用搂耙与土混合或翻入土中。生草条件下,把肥撒在草上即可。全园施肥后配合灌溉,效率高。这种方法施肥面积大,有利于根系吸收。但同时也存在容易使果树根系上移,果树不抗旱、不抗寒。

枣园施入的有机肥一定要经过充分腐熟。有机肥经过腐熟分解才能被果树吸收利用。同时还要注意保护根系,尤其是保护好生长在各级侧根上的细根。

4. 追肥的施用方法　追肥的施用方法主要有浅沟施、穴施、全园撒施、随灌溉施肥和根外追肥等。

(1)浅沟施　就是在树冠下根系密集区的地面上,挖深10厘米左右的放射状、环状、半环状或直状浅沟,将肥料均匀撒入浅沟内,量大时与土拌匀,以防烧根,然后覆土填平,施肥后注意及时灌水。

(2)穴施　就是在树冠下挖穴施肥,一般在树冠下挖均匀分布6~12个穴,穴深40厘米左右,将肥料撒入穴内,覆土,根据墒情及时灌水。

(3)全园撒施　就是在距树干0.5米处,将肥料均匀撒满全树盘地面,然后深耕20厘米左右,与土充分混匀。

(4)随灌溉施肥　就是将液体肥料随渠水或通过喷灌、滴灌、渗灌系统将肥料喷滴到树上或树下,随灌溉进行,简单方便。

(5)根外追肥　包括叶面喷肥、树干注射、树皮浸润等多种方法。叶面喷肥见效快,特别是与农药一起施用,简单便捷。根据树体状况1年可以进行多次。枣树叶片有蜡质层,叶面喷肥时加展着剂,可以提高叶片的吸收效果。

5. 配方施肥　又叫测土配方施肥。是根据土壤养分含量高低,进行科学合理施肥。该技术不但能做到因地制宜,节约用肥,而且能最大限度地满足枣树生长发育的需要,提高肥料利用率,增产增收,提高枣树生产的经济效益。

我国管理先进的果园,就是根据土壤分析、叶分析结果配制了针对性强的系列配方复合肥,这种肥料就是用含有不同比例的氮、磷、钾大量元素和微量元素混合制成的颗粒状的完全复合肥,其中氮、磷、钾有效成分不低于30%~35%,微量元素含量不低于

1%～6%,总有效成分不低于36%。近年来,各地相继开发出高磷型、高钾型、高钙型、高硼型和高铁型复合肥。有的地区还专门生产枣专用肥等。也可以根据果农提供的营养指标定向配制专用复合肥,满足枣树生长上的需求。

国外发达国家十分重视科学土壤施肥,专用多元复合肥已经广泛应用。从我国果树需肥特点和我国果园土壤状况看,随着土壤检测和叶分析手段的广泛使用,配方施肥将得到普遍应用。这样,根据土壤中各种营养成分的存在状况进行科学施肥,防止肥料施用的浪费,降低生产成本。

6. 把好安全施肥关

(1)有机食品的施肥　在有机食品生产过程中不允许使用任何化学合成的肥料、激素等,但允许使用有机肥、生物菌肥,植物源、生物源农药和矿物源农药中的硫制剂、铜制剂。

(2)绿色食品、无公害农产品的施肥　根据土壤肥力和作物需要,确定施肥种类和施肥量,提倡配方施肥。施肥以有机肥为主,化肥为辅。商品肥料必须通过国家有关部门的登记认证及生产许可,质量指标达到国家有关标准要求。禁止使用未获准登记的化学合成肥料产品,确保所使用的肥料对作物和农业环境不产生不良影响。提倡使用有机肥料、商品有机肥料、微生物肥料。在禁止使用含氯复合肥和硝态氮肥的前提下,允许按如下两条原则使用化学肥料:①化肥必须与有机肥配合施用,化肥纯氮施用量不许超过有机肥纯氮量;②化肥也可与复合微生物肥配合施用。禁止使用未经无害化处理的城市生活垃圾和工业废物。

农家肥料原则上就地生产就地使用,外来农家肥料应确认符合要求后才能使用。农家肥料无论采用何种原料制作堆肥,必须高温发酵,以杀灭寄生虫卵、病原菌和杂草种子,使之达到无害化卫生标准。对于高温堆肥,要求堆肥温度最高达50℃～55℃,持续5～7天;对于沼气发酵肥,要求密封贮存期30天以上;高温沼气发酵温度53℃±2℃,持续2天;寄生虫卵沉降95%以上。

(3)配方施肥的安全问题　各地必须根据当地气候、土壤类型、枣树品种、产量水平、种植方式等,合理划分施肥类型区。配方肥定点生产企业必须严格按肥料配方组织生产,产品要通过指定经销商直供到户,并对配方肥料产品质量负责。各级农业部门要向配方肥定点生产企业积极提供技术培训、政策咨询、配肥、营销等服务,加强对定点生产企业监管。农技推广部门对施用配方肥的农户建立信誉卡,并实行跟踪服务和回访制度。同时,培养示范户,建立示范田,宣传测土配方施肥技术,引导、带动农民扩大施用配方肥。

(三)水分管理

1. 灌水时期

(1)催芽水　早春萌芽前结合追肥灌水1次,作用为促进萌芽,加速枝叶和根系的生长。

(2)助花水　北方枣区初花期在5月下旬,6月上旬为盛花期,大陆性气候决定此时期多干旱,容易产生"焦花"现象,降低座果率。因此,要结合花前追肥浇水。

(3)保果水　幼果发育时期,需水量较大,此时正值7月上旬,天气易干旱,气温高,营养生长和生殖生长竞争水分严重,导致幼果萎蔫,灌水可结合追肥同时进行。

(4)促果水　果实膨大期进行,一般为7月下旬至8月上旬,此期间灌水可促进果实膨大,改善果实品质,结合追肥进行。

(5)封冻水　在土壤上冻前灌水1次,增强树体抗寒能力,为枣树安全过冬打下良好基础。可以结合基肥同时进行。

2. 灌水方式　可分为地面灌水、地下灌水、喷灌、滴灌等。

(1)地面灌水　是采用窄沟把水引入果园进行地面灌水的方法。其中常用的方法有树盘或树行灌水、沟灌、穴灌等。各地区根据果园的立地条件可以选择节水便捷的方法。

(2)地下灌水　在果园地面以下埋设通水管道,将水输送到根系分布区,通过毛细管作用湿润土壤的一种灌水方法。其优点是不占地,不影响地面操作,不破坏土壤结构,较省水,养护费用很低;缺点是一次性投资费用大。

(3)喷灌　由水源、进水管、水泵站、输水管道(干管和支管)、竖管、喷头组成,喷头将水喷射成细小水滴,像降雨一样均匀地洒布在果园的地面进行灌溉。喷灌系统分固定式、半固定式、移动式3种类型。通常应选用适当的喷头和喷头组合的排列形式,调控好均匀系数。喷灌的主要优点是省水,减少地面径流,避免水土流失;同时也可调节果园小气候,节省劳力。

(4)滴灌　由水源、进水管、控制设施(水泵、水表、压力表、肥料罐、过滤器等)、输水管道(干管、支管、毛管)、滴头等组成,滴头将水滴到果树根系分布范围进行渗透、扩散灌溉。滴头可分为管间滴头、孔眼式滴头、螺帽式滴头、发丝滴头4种,其每小时滴水量为2~4升不等。滴灌特别适用于果树,它比喷灌能省水30%以上,具有广阔的应用前景。

(5)穴贮肥水加覆膜技术　在山地枣产区应用比较普遍。具有投资少、省工、简便、高效等优点。技术上可因地制宜、灵活掌握。

(6)集雨窖　各地可因地制宜。原理是把雨季的无效降水收集起来变成有效降水。西北地区具备建造集雨窖的立地条件,同时又干旱缺水,该项技术被普遍推广。

我国是缺水的国家,在果树栽培中一直提倡节水栽培,推行节水的灌溉方法,杜绝大水漫灌。

思 考 题

1.营养诊断主要有哪些方法?

2. 土壤管理包括哪些主要内容？
3. 果园生草有哪些优点？
4. 基肥的施用有哪些方法？
5. 追肥的施用有哪些方法？
6. 什么叫配方施肥？
7. 枣树有哪几个关键灌水时期？
8. 目前枣园有哪些灌水方法？

第七章　枣树的整形修剪技术

一、专业知识

(一)整形修剪的调节作用

1. 调节枣树与环境的关系　通过合理的整形修剪,充分合理地利用空间和光能,调节枣树与温度、土壤、水分等环境因素之间的关系,使枣树适应环境,环境更有利于枣树的生长发育。

2. 调节树体各部分的均衡关系　通过合理的整形修剪,利用地上部和地下部动态平衡关系,调节枣树的整体生长;通过合理整形修剪,调节营养器官和生殖器官之间的均衡;通过合理的整形修剪,调节同类器官之间的均衡。

3. 调节生理活动　通过合理整形修剪,调节树体的营养和水分状况;通过合理整形修剪,调节枣树的代谢作用;通过合理整形修剪,调节内源激素。

(二)整形修剪的依据

1. 依据枣树的生长结果特性　枣树是喜光树种,要选择通风透光好的树形。依据品种生长结果特性制定修剪方案,直立品种应注意开张枝条角度,枝条开张和下垂品种应注意抬高枝条角度。幼树期注意整形多留枝,盛果期树注意调整树势,维持好生长与结果的平衡;衰老树要注意更新复壮,延长结果年限。冬季修剪注意骨架和枝类的调整,夏季修剪主要是生长和结果的调控。

2. 依据自然条件和栽培措施　不同自然条件、不同栽培措施下,枣树表现出不同的生长发育特性,修剪方法也应有所区别。如山地、平地应有所区别,稀植园、密植园、间作园应有所区别,观光采摘园、生长园应有所区别。

(三)枣树修剪的特点

枣树的修剪应依据其生物学特性进行。枣树成花容易,花量大,枝枝有花,枝枝可以结果,基本没有营养枝和结果枝的区分。因此,枣树的修剪在结果期主要是对枝条数量和枝条生长势的调节和控制,进入结果后期主要是对骨干枝和结果枝的更新复壮。另外,枣树的侧主芽不容易萌发,枝条数量较少,修剪量较小。

(四)枣树修剪的时期

枣树修剪时期分为休眠期修剪(冬季修剪)和生长季修剪(夏季修剪)。休眠期修剪指枣树落叶后至萌芽前期间的修剪,修剪目的是培养骨干枝,调整树体结构,更新枝组等;生长季修剪指从枣树萌芽后整个生长季的修剪,主要包括抹芽、疏枝、摘心、环剥(开甲)、拉枝等。其作用是调节生长和结果的关系,改善树体光照,减少养分消耗,培养健壮结果枝组,提高座果率。枣树修剪应重视生长季修剪,以生长季修剪为主,休眠期修剪为辅。

(五)枣树修剪的方法

枣树修剪方法主要包括短截、回缩、抹芽、摘心、疏枝、拉枝、环剥等。

1. 短截 也叫短剪。就是剪去1年生枝梢的一部分。对枣头短截有2种情况:一种是对枣头一次枝短截,其剪口下的二次枝不剪,一般情况下主芽不萌发枣头,也称"堵截";另一种是对枣头一次枝短截的同时,剪口下的第一个二次枝从基部或留1~2个枣股短截。在这种情况下,只要枣头粗壮,剪口下主芽或二次枝枣股主芽当年会萌发长成枣头,也称"放截"。堵截可促进座果,放截主要是刺激主芽萌发形成新枣头,培养新的骨干枝或结果枝组。

2. 回缩 也叫缩剪。就是剪去多年生枝的一部分。其主要目的是使局部枝条更新复壮,抬高枝条角度,增强生长势和结果能力。进入结果后期回缩的修剪方法应用比较普遍。

3. 抹芽 在萌芽期把各级骨干枝及枝组上萌发出的无用幼芽,随萌发随从基部及时抹掉叫抹芽。主要目的是减少不必要的营养消耗,有利于保持合理的树体结构,促进枣树的生长和产量提高。

4. 摘心 在生长季节将新枝幼嫩的顶端部分去除叫摘心。可分为枣头一次枝摘心、二次枝摘心和枣吊摘心。摘心的作用是抑制枝条的加长生长,促进下部枝叶的生长,提高树体的营养积累和转化水平,有利于花芽分化和开花结果。

5. 疏枝 指从基部剪除枝条。休眠季、生长季修剪都可以进行疏枝。主要作用是疏除过密枝,减少枝量,平衡树势,节约养分,改善树体光照。

6. 环剥 是根据枝干的粗度用刀从枝或干上剥下一圈宽度相当于枝或干径 1/10 的韧皮部,露出木质部。枣树上主要是花期环剥,又叫"开甲"。一般在主干上进行,盛果期树连年应用。花期环剥就是阻断叶片光合作用产物向下部运输,而集中供应开花座果,提高座果率。

二、操作技能

(一)枣树的主要树形

枣树采用的主要树形有疏散分层形、开心形、自由纺锤形、"Y"字形、柱形等。生产中根据品种特点和栽培模式选择适宜的相应树形。

1. 疏散分层形 树形的特点是树冠呈半圆形,骨架结构牢固,立体结果,负载量大,主枝分层,通风透光,枝量较多,成形快,产量高。该树形有明显中心干,主枝6~8个,分2~3层,第一层主枝3~4个,第二层主枝2~3个,第三层主枝1~2个。每个主枝上配备侧枝1~3个,第一、第二层间距70~100厘米,第二、第三层间距40~60厘米。树高控制在3米左右。该树形适合中密度和稀植枣园。

2. 开心形 树体结构特点是:在树干上部轮生或错落着生3~4个主枝,主枝基角40°~50°,没有中心干,每个主枝上配备2~4个侧枝,干高80~100厘米,树高控制在2.5米以下。此树形树体较矮小,结构简单,容易整形、透光良好,丰产,便于管理。该树形适宜萌芽力较强、分枝较多的品种,密植、稀植枣园均有应用。

3. 自由纺锤形 该树形有中心干,主枝5~8个、轮生排在主干上、不分层,主枝间距20~40厘米。主枝上不培养侧枝,直接着生结果枝组。干高70~90厘米,树高控制在2.5米以下。该树形树冠小,适宜密植园选用。

4. "Y"字形 树体结构特点:在树干上部着生2个主枝,斜伸向行间,枝基角40°~60°,每主枝外侧着生3~4个侧枝,在主侧枝上培养结果枝组,保证产量。该树形树冠矮小,通风透光好。单株产量少但群体产量较高,早期效益好,适宜密植枣园。

5. 柱形 该树形主要结构特点是没有明显的主枝,在主干上直接培养结果枝组,主干保持直立。下部枝组较大、上部较小,全树保持12~15个枝组。树型小,适宜生长势较弱,多年生枝结果能力强的品种,适宜密植枣园。

(二)不同时期的整形修剪

1. 幼树的整形修剪

(1)定干 就是圃内未整形的苗木定植后按一定高度剪截。定干的高度要依据栽培方式和品种而定,一般为60~80厘米。密植园和稀植园,生长势弱的品种和生长势强的品种有所区别。枣粮间作园的定干高度要高,一般为120~150厘米。

(2)主侧枝培养 通过定干、刻芽和短剪,促生分枝,培养主侧枝,扩大树冠,加快幼树成形。以疏散分层树形为例,定干后翌年首先选1个生长直立的粗壮枝作中心干,一般选留剪口下第一主芽萌发出的枣头作中心干,其下选留3~4个方向、角度合适的枣头作为第一层主枝,其余的可酌情疏除。

保留下的当年生枣头可进行短截,促生新枣头,培养延长枝和侧枝。如粗度不够,应剪去顶芽,使枣头加粗生长1年后再处理。对培养的主枝通过拉枝、撑枝调整好方向和枝条角度,以形成合理的树体结构。作为中心干的枣头应在100~120厘米处短截,培养主枝延长枝和第二层主枝。

第三年,除继续用同样方法培养第一、第二层主、侧枝外,对中心干延长枝继续短截培养第三层主枝,并在第一、第二层枝上选留结果枝组。第四年后,树体结构基本形成。

(3)结果枝组的配置 结果枝组是树体结构的重要组成部分,是承载结果的基本单位。配置结果枝组的原则是数量适宜,分布合理,大、中、小枝组保持一定比例,保持树体的整体结果,防止结果部位外移。在枝组配置上主侧枝中下部配置中、大型枝组。主侧枝上中部配置小、中型枝组,主侧枝角度大时,应配置两侧斜生枝组,防止配置背上枝组。枝组配置后,要根据实际情况及时进行调整和更新。

2. 盛果期枣树的修剪 枣树进入盛果期后,树冠大小基本稳定,树形基本固定。盛果期树修剪的重点是维持良好的树体结构,保持树体生长势,均衡生长与结果,延长盛果年限,防止树势衰弱。在盛果初期,产量处于上升阶段,新枣头仍有大量萌发,枣股年轻结实率高,这一时期修剪上根据空间及时抹芽、疏枝、摘心,使树体保持合适的枝量和营养生长总量。根据树体高度要求,及时落头,控制树体高度。

当枣树进入盛果期,随着树体结果能力的增强、产量的增加,这时枣树萌发枝条的能力明显下降,修剪应注意保留一定比例的新枝,适时摘心,作为后备更新枝培养。及时疏除多余的新枝、病虫枝等。同时,这一时期,随着枝先端结果能力的增强,枝条多弯曲下垂,先端生长减弱,要根据树体具体状况,有计划地对其适当回缩,利用更新枝代替衰老部分,抬高枝角,增强骨干枝的生长势,同时要培养新枣头,补充新枣股,维持结果面积。对结果枝组要注意始终保持健壮生长和正常结果,延长盛果期的年限。

3. 衰老树的修剪　　衰老树表现出树势衰弱,树冠逐渐缩小,生长转弱,枝条老化,树冠内出现枯枝,产量下降,品质降低。对衰老树修剪的主要方法是回缩,充分利用枣树隐芽寿命长的特点,促使隐芽萌发,进行更新复壮。根据更新的程度不同,枣树的修剪可分为轻更新、中更新、重更新。

(1)轻更新　在树体上还有相当数量的有效枣股时,可以轻度回缩更新,一般回缩量是枝总长的1/3。

(2)中更新　在树体上有一定数量的有效枣股但结果能力已经很差时,可采用中回缩更新,回缩长度一般为枝总长度的1/2。

(3)重更新　树上只有少量有效枣股、产量很低时,可采用重回缩的方法进行更新,回缩量达枝总长的2/3。

更新后隐芽会萌发出一定量的枣头,要根据空间及时调整与利用。

第七章 枣树的整形修剪技术

(三)放任枣园的整形修剪

放任枣园一般指管理水平很差或不加管理的枣园。这样的枣园在生产中有一定的比例,特别是多年生的散生枣树。这类枣树树体高大,树势衰老,树冠多呈现乱头形,主枝偏多、郁闭,枝条紊乱,通风透光不良,大枝先端下垂,枝条干枯,结果部位外移,枣股老化,产量低而不稳。修剪原则是因树因枝修剪,不要求整齐划一,不强求树形。

1. 选择培养骨干枝 选择角度合适,位置适当,有侧枝、二次枝多的枝作主枝,疏除直立生长与主枝并生的竞争枝、交叉枝等,根据实际情况,也不一定强求一个主枝。对留作主枝的大枝进行适当回缩,抬高枝头角度,增强生长势,利用隐芽萌发的枣头,采用幼树整形的方法培养各级骨干枝。中心干过高,下部光秃无分枝的延长枝应回缩落头,回缩到有分枝的部位,使树冠开张,改善通风透光条件。

2. 更新结果枝组 及时疏除并生枝、重叠枝、交叉枝、病虫枝、细弱枝等,保留位置适当的枝条改造成结果枝组。对3年生左右枝条回缩,复壮下部的枝条和枣股。对衰老枝进行回缩更新,利用隐芽萌发的枣头培养结果枝组。

思考题

1. 枣树整形修剪的依据是什么?
2. 枣树整形修剪的方法有哪些?
3. 枣树采用的主要树形有哪些,其特点是什么?
4. 简述不同时期枣树修剪技术要点。
5. 放任枣树如何修剪?

第八章　枣树花果管理技术

一、专业知识

(一)枣树花期及其对环境条件的要求

1. 枣树花期　枣树花期较长,一般为 38 天。品种、树龄、树势和立地环境,均对花期有着直接的影响。枣树花期可分为 3 个时期。初花期:此期内开花占总数的 25%,其花多为 1 级蕾发育而来,故称头棚花,由头棚花结出的果实,称头棚枣,一般发育好,枣个大,品质佳,糖分高。盛花期:此期开花约占总数的 50%,其花多由 2 级花蕾发育而来,其花朵在夜间零点裂蕾,因此,授粉时间长,座果率高,将发育成中棚枣。终花期:此期开花占总数的 25%,绝大部分由 3、4 级花蕾发育而来,由于气温高,营养供应不足,往往幼果早落。即使结成果,多瘦小,发育差,成为末棚枣。

2. 枣树花期对环境条件的要求

(1)风　枣树盛花期最忌大风,特别是西南方向的干热风,降低了大气的湿度,增强蒸腾作用,令枝叶萎蔫,花因无机盐和水分供应的恶化,柱头黏液很快消失,雄蕊提前萎缩。花萼、雌蕊呈现褐化,出现焦花现象,降低了座果率和产量。

(2)雨　花期中小雨速晴有利于枣花开放和授粉受精,但小雨连绵或者暴雨,即使是短时暴雨,对枣花都是不利的。一是雨滴的机械作用,打伤了花部器官;二是雨水降低了柱头黏液和花部器官原生质的浓度,以至于影响了受精,增大了落花率。花期降水,多

第八章 枣树花果管理技术

伴着气温的下降,导致花期落果率的上升。

(3)湿度 花期的土壤含水量和空气相对湿度都和座果率有着直接的关系。土壤含水量过高或者过低都会给枣树造成生理胁迫,从而影响枣树的座果率。过低的空气湿度不利于柱头的发育,而过高的空气湿度也不利于受精过程的顺利进行。空气相对湿度在70%~100%时,有利于花粉的萌发。

(4)温度 枣树花粉萌发对温度较为敏感,当气温在27℃~28℃时萌发率最高,低于22℃时花粉萌发率下降50%。因此花期如果遇见冷空气或者长时间的降水造成的气温下降,会特别严重地影响枣树授粉受精。

(二)开花和授粉

1. 枣花开放 先树冠外围,后树冠内部。在一花序中,一般中心花先开,逐次1级花、2级花、多级花开放。枣的花序最多有6级,6级花质量差,发育不良而脱落。在同一枣吊中,以枣吊中部的花期长,枣吊基部节花期短。

单花开放过程的分期,各地有所不同,一般分为裂蕾、初开、萼片展开(半开)、瓣立、瓣平(盛开期,大量散粉)、花丝外展和瓣萼凋萎7个时期。单花开放时间一般在1天内完成。

枣花开放需要一定的温度,大多数品种花朵座果率的临界温度为日均温度23℃。高于临界温度座果率高,温度过低影响开花座果,但连日高温也会缩短花期。枣树开花要求适宜的湿度,适时适量降水对开花座果有利。

2. 枣花授粉 枣花开放时,香气浓,蜜汁丰富,是典型的虫媒花。雄蕊与花瓣分离时,借助花丝的弹力使花粉弹到柱头上,完成授粉。枣树的花量大,产生的花粉量也大,可以满足授粉要求。枣树自花授粉结实率高,一般不需要配置授粉树,但配置授粉树也有利于提高座果率。

(三)枣树落花落果

落花落果是果树为适应不良环境和营养条件而呈现出的一种表现形式。枣树的花蕾量很大,落蕾、落花、落果现象十分严重。枣树的自然座果率通常只有开花总数的1%左右。据调查,圆铃枣座果率为0.13%~0.36%,金丝小枣为0.4%~1.6%,婆枣为1%~2%,郎枣为1.3%。

北方枣产区落果高峰出现在6月中下旬至7月上旬。自然环境条件和树体营养是决定枣树落花落果的主要原因,花期如遇干旱、低温、高温、多雨、大风、沙尘暴等不良气候,会加重落花落果。

二、操作技能

枣树开花的特点是花期长、花量大、落花落果重。在花期内蕾花之间,花果之间营养竞争激烈,一旦出现冷气流、干热风、久旱不雨或者阴雨连绵的天气落花落果极其严重,容易造成大幅减产,因此采取有利措施保花保果,是实现枣果增产不可缺少的措施。

(一)树体有机营养调控

1. 合理的整形修剪 传统的枣树树体管理比较粗放,没有普遍推广整形修剪。实际上修剪是枣树提高座果率不容忽视的技术措施之一,合理的修剪可以改善树体的通风透光条件,调节树体营养状况,提高光合效率,促进花芽分化,提高座果率。

2. 枣头摘心 又叫打枣尖。属于夏季修剪的内容。对幼树枣头适时摘心,抑制加长生长,减少养分消耗,集中营养供应花和幼果,不仅提高枣股、枣吊的座果率,而且对提高当年生枣头上枣吊的座果率也有一定作用。但仅对枣头一次枝摘心,效果并不显著。因为摘心虽然抑制了一次枝生长,但却促进了二次枝的生长。

第八章 枣树花果管理技术

二次枝的旺长对养分的消耗仍会影响座果和幼果发育。对生长中的二次枝适时摘心,可明显提高枣吊质量,显著提高座果率。

摘心时期要适宜。过早会刺激摘心口下侧主芽当年萌发;过晚枣头已经停止了生长,达不到预期效果。对枣头摘心一般在盛花期进行。二次枝摘心在生长到 8 节左右时进行。

3. 枣树开甲 这是我国枣产区应用比较普遍的传统方法,对提高枣树座果率效果显著。开甲能暂时切断韧皮部,使叶片光合作用制造的营养物质暂时停止向下运输,集中养分开花座果。

枣树开甲一般在盛花初期进行。具体方法是:在距地面 20 厘米左右刮去老树皮,在树干上环状剥一圈,深达木质部,宽 0.4~0.6 厘米,取下一圈韧皮部,环剥后 1 个月左右愈合。环剥每年进行,每年环剥口相距 3~5 厘米。环剥应注意小树不剥、弱树不剥、时期不适宜不剥,必须达到一定树龄时进行。枣树开甲与其他栽培措施结合进行效果更好,只靠开甲会使树势衰弱。另外,有的地区采用"线割"、"牙枣"等技术措施以提高枣树座果率。

(二)创造有利于枣树座果的环境条件

1. 加强土肥水管理 枣树大部分栽植在山地、滩地,立地条件比较差,土壤肥力不足。应加强土壤管理,科学合理施肥。特别是加强有机肥的施入,充分利用山区的充足杂草资源,转换成可利用的有机肥源,满足树体对营养的需求,保证树体健壮。健壮的树体是提高座果率的基础和条件。

2. 花期喷水 北方地区多春旱,枣树花期常因干旱和干热风而造成枣树焦花,即花柱受损伤,花粉发芽率降低,影响授粉受精及座果。花期喷水,提高空气湿度,促进授粉受精,提高座果率。具体做法是在盛花期选晴朗天的傍晚,用喷雾器向枣树喷清水,隔 2~3 天喷 1 次,连续喷水 2~3 次。所喷的水中加硼砂(0.1%~0.3%)和少量糖(0.05%~0.1%)也能提高座果率。

3. 枣园放蜂 在枣园花期放蜂,增加授粉媒介,促进枣树花朵授粉受精,从而提高枣树座果率。枣园放蜂的数量与枣园的面积和每箱蜜蜂数量有关。具体做法是将蜂箱均匀放置在果园内,蜂箱间距不超过300米。密植园、枣粮间作园树行内蜂箱的放置间距200～300米,每行放置或隔行放置。花期遇到大风、低温、降水和沙尘暴天气,蜜蜂活动少,授粉效果就会差。枣园放蜂期间禁止喷洒农药。

(三)利用生理调节物质保花保果

1. 使用植物生长调节剂 在无公害果品生产中允许使用赤霉素、乙烯利、矮壮素等天然存在的植物生长调节剂。在枣树生产中赤霉素使用比较普遍,赤霉素有刺激花粉萌发和子房膨大的作用。具体使用方法是:一般在盛花期使用,每隔5～6天喷1次,使用浓度为10～20毫克/升,最多使用2～3次,配制时先用少量酒精稀释,然后用水稀释到要求浓度使用。

另外,促花王、天然芸薹素对提高枣树座果率也有较好的作用,在一些地区有一定的使用。

2. 使用微量元素 微量元素硼、锰、锌、钼等,对枣树保花保果,具有很好的作用,如3 000倍的硼肥溶液,在花期使用,同防治花期害虫结合进行,可提高座果率20%～40%。微量元素的综合使用比单一的喷施一种效果更好。微量元素一般在花期以喷洒形式使用。

3. 使用稀土元素 稀土元素中还有镧和铈等多种稀有元素,一般商品制剂中含有38%,对生物体具有特殊的作用。可提高枣树吊果比,枣果增产15%左右。使用稀土元素,浓度以300～500毫克/升为宜,过高会出现反抑制现象。

4. 使用维生素 维生素B_2和维生素C对枣树开花、受精、座果及果实发育,均有良好的促进作用。早花期喷施维生素B_2 10

第八章 枣树花果管理技术

毫克/升可提高座果率25%。花期喷施维生素C,随着喷施浓度的增加,枣的座果率上升,空枝率下降,其中10毫克/升为理想的浓度,可提高座果率30%左右。并且枣果发育良好,糖分高,增产。

在实际生产中,要根据果园的实际情况、气候环境特点,选择利用适宜的保花保果措施,才能达到应有的效果。

思 考 题

1. 枣树花期对环境条件有哪些要求?
2. 枣花开放有哪些特点?
3. 提高枣树座果率的措施有哪些?

第九章 枣树病虫害综合防治技术

一、专业知识

(一)枣树病虫害综合防治措施

枣树病虫害综合防治措施主要包括植物检疫、抗病虫品种的利用、农业防治、生物防治、物理防治和化学防治等。

1. 植物检疫　这是国家或地方政府,为防止危险性有害生物随植物及其产品的人为传播,以法律手段和行政措施强制实施的植物保护措施。其目的是利用立法和行政措施防止或延缓有害生物的人为传播,保护农业生产和环境。植物检疫的属性是强制性和预防性。

人为传播有害生物的主要途径是通过种子、苗木等无性繁殖材料、农产品包装材料和运输工具等,其中种子、苗木等无性繁殖材料尤为重要。

我国现行动植物检疫体制分为国内动植物检疫和进出境动植物检疫。国内动植物检疫的目的是防止国内局部发生或新传入的危险性有害生物传播蔓延,保护农业、林业生产安全。进出境动植物检疫的宗旨是防止动物传染病、寄生虫病和植物危险性病、虫、杂草以及其他有害生物传入、传出国境,保护农、林、牧、渔业生产和人体健康,促进对外经济贸易的发展,其主要法律依据是《中华人民共和国进出境动植物检疫法》。

2. 抗病虫品种的合理利用　植物的抗害性表现在处于同样受害条件下,一些植物较之其他植物能避免受害、耐害,或虽然受

第九章 枣树病虫害综合防治技术

害而有补偿能力。植物抗害性包括抗干旱、抗涝、抗盐碱、抗倒伏、抗虫、抗病、抗草害等等。

选育和正确利用抗性品种是防止或减轻病虫害发生和流行的最经济、最有效的途径。特别是对许多难以运用农业措施和农药防治的病害,如土壤病害、病毒病害等。应用抗病品种具有减少因使用农药而造成的农药残毒、环境污染以及节省防治费用等优点。

在抗病品种利用上,应加强对多抗性品种、水平抗性品种和耐性品种的利用,注意品种的合理布局和品种轮换,在病害的不同流行区采用具有不同抗病基因的品种,在同一流行地区也要搭配使用多个抗病品种,轮换使用不同抗病基因的品种。

3. 农业防治 是根据农业环境与病虫害之间的相互关系,通过一系列适宜的农业栽培管理技术措施降低有害生物种群数量,减少其侵染的可能性,培育健壮植物,增强植物抗害、耐害和自身补偿能力,避免有害生物危害的一种植物保护措施。以控制病虫害的发生和危害,达到保护植物的目的。农业防治是综合防治的基础。

农业防治的理论基础是通过农业技术措施改变病虫的生活环境,遏制病虫的发生和发展或直接杀死有害生物。大量事实证明,农业防治是一种既经济有效又能长期稳定地控制植物有害生物的防治手段。但农业防治方法往往有地域局限性,单独使用有时收效较慢,效果较低,在病虫大量发生时不能及时获得防治效果。农业防治的基本方法如下。

(1)建立合理的种植制度 合理的种植制度有多方面的防病虫作用,它既可调节农田生态环境,改善土壤肥力和物理性质,从而有利于作物生长发育和有益微生物繁衍,又能改变病虫的生活环境,从而直接控制病虫的危害。如植物的轮作换茬、间作套种等种植制度的改变可有效控制病虫害的发生。

(2)加强田间栽培管理 科学的田间管理是改变农业环境条

件最迅速的方法,对于防治病虫害具有显著作用。如适时播种、合理施肥和灌溉、适期播种和定植、深耕晒垡、中耕除草等,可改变植物的营养状况和生长环境,促使其苗壮生长,提高抗病虫能力,同时还能改变病虫的生活条件、恶化其生存环境,达到抑制病虫发生或直接消灭病虫的目的。

(3)保持田园卫生　田园卫生措施包括清除收获后遗留在田间的病株残体,生长期拔除病株或铲除发病中心,施用净肥以及清洗消毒农机具、工具、架材、农膜、仓库等。这些措施可以显著地减少病原物接种体数量。

(4)建立无病虫种苗基地　种子、苗木和其他繁殖材料是病虫借以传播的重要途径。对于以种苗为传播来源的病虫,培育无病虫种苗是减轻田间受害的重要措施。从事种苗繁殖的经营者,种苗繁殖田应做到土净、水净、肥净、种净,即各个环节都不携带防治对象。

4. 生物防治　是利用有益微生物或生物的代谢产物控制有害生物种群量的一种防治技术。生物防治是综合防治的重要组成部分,具有安全、不污染环境、天敌资源丰富等特点。但生物防治受环境因素影响较大,有的发挥作用较慢,在实际应用时应与其他防治方法结合起来才能更好地控制病虫害的发生。生物防治的基本方法有以下几种。

(1)天敌的利用

①动物天敌治虫:自然界中食虫的动物很多,许多鸟类如大山雀、燕子、啄木鸟、灰喜鹊等,可啄食松毛虫、尺蠖、蝗虫等。原生动物中的微孢子虫也是害虫的较专一的寄生物,有的种类已经被开发用于大面积防治蝗虫等害虫。此外,养禽治虫也是一项很有用的生物防治措施。

②昆虫天敌治虫:捕食性昆虫如瓢虫、步甲、草蛉、螳螂、捕食螨等,寄生性昆虫如姬蜂、茧蜂、小蜂、食蚜蝇、蚂蚁、食虫蝽等都是

第九章　枣树病虫害综合防治技术

农业害虫的天敌,通过保护、引进和人工繁殖释放,可以有效地控制农作物的害虫。

(2)生物的利用

①微生物治虫:即利用害虫的致病微生物来防治害虫。某些昆虫的幼虫受病原菌侵染后变黑发软而死。昆虫的致病微生物主要有细菌、真菌、病毒、原生动物等。目前应用较广的如细菌中的苏云金杆菌用于防治鳞翅目、双翅目和鞘翅目害虫;用 Bt 乳剂防治对有机磷农药产生抗性的棉铃虫效果特别好;乳状芽孢杆菌专杀土壤中的蛴螬。真菌中的白僵菌、绿僵菌、拟青霉、多毛孢和虫霉菌等,可以用于防治鳞翅目、同翅目、直翅目和鞘翅目害虫。昆虫病毒如核多角体病毒也有广泛的应用。

②微生物治病:植物病害的生物防治有两种基本类型:一是大量引入外源拮抗菌;二是调节环境条件,使已有的有益微生物群体增长并表现拮抗活性。多种有益微生物已成功地用于防治植物根病,如用放射土壤杆菌 K84 菌系产生的土壤杆菌素 A84,其商品化制剂已用于多种园艺植物的根癌病防治。目前研究较多的是利用重寄生真菌或病毒来防治作物真菌和线虫病害。如木霉可以寄生立枯丝核菌、腐霉、小菌核菌和核盘菌等多种作物病原真菌,利用木霉制剂防治植物的立枯病、根腐病和茎腐病等。在自然界,线虫被真菌寄生或捕食也很普遍。病毒寄生植物病原真菌后可降低其致病性。

③微生物治草:杂草和作物一样也受病原微生物的侵染而发生病害,目前在生物防治中应用较多的是病原真菌。如用寄生菟丝子的炭疽菌研制开发成的鲁保 1 号真菌制剂防治大豆菟丝子,用黑粉菌防治马唐,用列当镰刀菌防治埃及列当。

(3)微生物产物的利用　微生物产生的抗生素被生产成杀菌剂,如广泛使用的井冈霉素、内疗素、链霉素、春雷霉素、多抗霉素和放线菌酮等。从链霉菌代谢产物中分离开发出除草剂 A 和除草剂 B。

其他生物防治方法还有用植物源农药如苦参碱、烟碱等防治害虫；昆虫的性外激素被开发用于大田诱捕害虫和迷向干扰害虫交配，昆虫激素被用于干扰害虫的正常生长发育。

5. 物理防治

(1)捕杀法　是根据害虫的栖息部位、活动习性，利用人工或机械进行捕杀的一种方法。如利用害虫的假死性和群集性灭虫，人工采卵和人工捉虫。

(2)诱杀法　是利用害虫的某些趋性，将其诱集杀死的一种方法。如利用糖醋液诱杀黏虫、小地老虎成虫，用黑光灯、气灯诱杀夜蛾、螟蛾等多种害虫等。

(3)汰选法　利用健康的种苗和被害种苗在形态、大小、比重上的差异进行挑选和分离，以剔除带有病虫的种苗而达到防治的目的。如选用较大的种苗；用筛子剔除夹杂在种子中间的病原体和杂质；用清水、泥水、盐水选种等。

(4)热处理法　是利用一定的热力杀死种子内外病虫，而不影响种子发芽的一种方法。如利用日光暴晒贮粮能控制贮藏期害虫的发生；根据种子和病原物对温度的要求不同，将种子放在热水中，严格控制一定的水温和浸种时间，可消灭种子内外的病原菌。干热处理法主要用于处理蔬菜种子，对多种种传病毒、细菌和真菌都有防治效果。用热水处理种子和无性繁殖材料，通常称为温汤浸种，可杀死种子表面和内部的病原物。

(5)窒息法　是创造缺氧条件，导致病菌和害虫窒息而死的一种方法。如用石灰水浸种、仓库充氮等，可有效地杀死病虫。

(6)原子能、高能物理法　利用原子核分裂时放出的射线直接杀死病虫，或使害虫不育。如用钴 60 放出的 γ-射线处理小麦种子可杀灭小麦腥黑穗病菌，用 3 万～4 万伦琴射浅处理三化螟可使其不育。此外还可以利用紫外线、X 射线、激光技术对病虫进行

第九章 枣树病虫害综合防治技术

辐射处理、诱杀。微波加热适用于少量种子、粮食、食品等快速杀菌处理。

6. 化学防治 就是利用化学农药来防治有害生物的方法。化学农药的使用是保证增产增收的重要方面。化学防治具有防治病虫害效果好、作用快,特别是对暴发性的病虫能在短时间内控制危害,使用方法简便,便于机械化作业,不受地区和季节限制等优点。

农药的施药方法有喷雾法、喷粉法、种子处理、土壤处理、熏蒸法、烟雾法等。

农药的使用必须保证科学、合理,否则会出现植物产生药害,污染环境,导致人、畜中毒,病虫产生抗药性,杀伤天敌,以及破坏整个农业生态系统等严重后果。为了充分发挥化学防治的优点,发挥药剂的效能,做到安全、经济、高效,减轻其不良作用,应恰当地选择农药的种类和剂型,采用适宜的施药方法,合理使用农药。做到科学地确定用药量、施药时期、施药次数和施药间隔期天数。提倡合理混用农药,做到一次施药,兼治多种病虫害,以减少用药次数,降低防治费用。

近年来,随着生物技术、遗传工程技术的发展,为有害生物的综合治理提供了广阔的前景。这些技术主要包括:利用遗传工程技术将抗虫基因导入作物体内,使作物对害虫产生抗性;利用基因工程技术修饰微生物(如 Bt 和杆状病毒)本身的基因以提高其对害虫的感染力,或者从外源激素、酶和毒素基因导入杆状病毒基因组,以增强其致病性。目前,科学家还在利用遗传工程方法,将害虫对杀虫剂的抗药性基因转移到天敌中去,使其产生抗药性,提高其在田间的竞争能力。

7. 主要防治方法的应用 本着"综合治理"的指导思想,在几种病虫害防治方法中,应首先做好种子、种苗的检疫工作;其次是选择适当的栽培季节和栽培技术措施,营造一个有利于枣树生长而不利于病虫害发生的环境条件,将病虫害的发生控制在不影响产量和品质的水平以下;如果发生病虫害,能用农业防治或物理防治控制时,尽可能不用药剂防治;必须采用药剂防治时,则首选生物农药,最后选择高效低毒的化学农药。在使用农药时还应注意以下几个问题。

(1)正确选择药剂种类 每种药剂都有适合的防治对象和一定的残留期,在使用药剂时,要认真了解药剂的性质,正确选择和使用,达到防治病虫害和保护天敌的目的。同时注意更换防治对象相同的药剂种类,以免产生抗药性。

(2)科学确定用药量、用药时期、用药次数和使用方法 用药量主要取决于药剂和病虫害种类,其次因植物种类和生育期、土壤和气象条件有所改变。用药时期因施药方式和防治对象而异。用药次数主要根据药剂的持效期确定。

(3)合理混用农药 由于各种农药的理化性质不同,有些不能混用。可以混合使用的农药可考虑长效和短效、杀虫和杀菌、农药和肥料、农药和展着剂等几种混合方式。

(4)提高喷药质量 在施用农药时,应力求喷洒均匀,提高防治效果,避免药害的发生,高大枣树更要喷洒周到、细致、全面。

(二)枣树常见病虫害种类

1. 常见虫害 枣树常见虫害主要有以下几种。

果实害虫:主要有桃小食心虫、枣绮夜蛾、棉铃虫、黄斑蝽象等。

叶部害虫:主要有枣步曲、枣食芽象甲、枣黏虫、枣瘿蚊、黄刺蛾、枣龟蜡蚧、枣瘿螨、绿盲蝽象、山楂红蜘蛛等。

主干害虫:主要有星天牛、豹纹木蠹蛾、蚱蝉等。

根部害虫:主要有地老虎、蝼蛄、蛴螬等。

2. 常见病害 枣树常见病害主要有以下几种。

第九章 枣树病虫害综合防治技术

植株病害:枣疯病。

果实病害:主要有枣缩果病、枣炭疽病、霉烂病等。

叶部病害:主要有枣锈病、枣焦叶病、枣叶斑病、煤污病等。

根部病害:主要有根癌病、根腐病等。

3. 常见生理病害 在生长过程中,因为温度、湿度、光照、空气和水分不适,营养元素缺乏,机械损伤及其他非生物因子造成的生理失调,称为生理病害。枣树生理病害主要有枣树缺铁症、裂果等。

(三)气象灾害

温度、湿度和光照等是影响枣树的重要气象因子,风害、雹害、旱害和涝害等也会对枣生产造成威胁和严重影响。

1. 低温危害 可分为冻害、霜冻害和冷害。

(1)冻害 是指作物在遇到0℃以下(或剧烈变温)或长期持续在0℃以下的温度,引起植株体冰冻或丧失一切生理活力,造成植株死亡或部分死亡的现象。我国东北、华北和西北地区,绝对气温较低,且低温持续时间长,易发生冻害。

(2)霜冻害 是指夜晚土壤或植物根冠附近的气温短时降至0℃以下,体内水分发生冻结,代谢过程被破坏,细胞被冻块挤压造成的伤害。早春和晚秋均易遭受霜冻害,轻者叶片结冰呈半透明状,回暖后仍能恢复生长;重者叶组织部分或全部变白色或灰白色,受冻枯死。

(3)冷害 是植物受到0℃以上低温影响而造成的伤害,受害组织无结冰表现,故与冻害和霜冻害有本质区别。主要表现为根系生长受阻,吸收力下降,沤根或烂根,叶片黄化,植株不能正常生长、开花和结果。若危害时间短,仍可逐渐恢复;时间过长,会因植株体内生理代谢失调,导致生长衰弱直至死亡。

2. 高温危害 常见的有日灼和干热风2种类型。园艺植物最常见的高温危害是日灼。日灼是指园艺植物在其生长发育期间,由于强烈日光辐射增温所引起的器官和组织灼伤。

3. 干旱 是指长时期降水偏少,造成空气干燥、土壤缺水,使植物体内水分发生亏缺,影响正常生长发育而减产的一种农业气象灾害。干旱在我国发生比较普遍。首先表现植株萎蔫,从而影响花器发育,阻碍授粉受精,引起落花、落蕾和落果,严重时整株死亡。

4. 涝害 主要是在夏季高温多雨季节,由于雨量大且比较集中,造成田间积水,土壤水分过多而氧气不足,导致植物沤根和烂根,同时表现黄叶、落叶、落果等症状,严重时整株死亡。不同植物对土壤缺氧的忍受能力和涝后的恢复能力不同。枣树虽然耐湿性较强,但耐涝性较弱。

5. 风害 强风可造成植物断枝、破叶、拔根和落叶落果等。干燥大风能加速植物蒸腾失水,造成叶片气孔关闭,光合强度降低,致使植物萎蔫,甚至造成枯萎。北方春季大风常造成幼苗风干或被风沙埋没,花期授粉不良。北方春、夏季大风还可加剧土壤蒸发失墒,导致植物旱害。冬季大风可加剧植物冻害。

6. 雹灾 冰雹对植物主要是机械伤害和短时大风的破坏作用。轻者撕破叶片,折断枝梢,击伤和击落果实;重者打掉全部叶片和果实。

(四)常用农药的性能

农药是指用于预防、消灭或者控制危害农业、林业、渔业、草原和人、畜生活环境的病、虫、草、鼠和其他有害生物,或者有目的地调节植物、昆虫生长的化学合成、生物合成和其他天然的一种物质或几种物质的混合物及其药剂。

1. 农药的分类

(1)根据防治对象分类 一般将农药分为7种类型。每一类又可根据其作用方式、化学组成等再分成若干类。

第九章 枣树病虫害综合防治技术

①杀虫剂：是用来防治各种害虫的药剂，有的兼有杀螨、杀线虫作用。如敌敌畏、乐果、甲胺磷、杀虫脒、杀灭菊酯等。杀虫剂分类依据的标准很多，如作用方式、化合物结构、作用机制等。目前应用的有机杀虫剂，常具有多种杀虫作用，如氧化乐果有很强的内吸作用，还有触杀和胃毒作用。

②杀螨剂：是专门防治植食性螨类（即红蜘蛛）的药剂，具有触杀、胃毒作用。有的也具有内吸作用，如克螨特、尼索朗等。杀螨剂有一定的选择性，对不同发育阶段的螨防治效果不一样，有的对卵和幼虫或幼螨的触杀作用较好，但对成螨的效果较差。

③杀菌剂：用来防治植物病害的药剂。主要起抑制病菌生长，保护农作物不受侵害和渗进作物体内消灭入侵病菌的作用。大多数杀菌剂主要是起保护作用，预防病害的发生和传播。按防治对象不同杀菌剂可分为杀真菌剂、杀细菌剂。按使用方法不同可分为种子处理剂，土壤消毒剂、喷洒剂等。按化学结构分主要有有机硫类、有机磷类、有机杂环类、有机砷类、有机氮类、抗生素类、取代苯类。

④除草剂：能防治农田杂草和有害植物的药剂，如阿特拉津、草甘磷、氟乐灵、绿麦隆等。根据它们除草作用的性质分为灭生性除草剂和选择性除草剂；按其作用方式可分为触杀性除草剂和内吸性除草剂，前者只能用于防治由种子发芽的1年生杂草，后者可以杀死多年生杂草。有些除草剂在使用浓度过量时，草、苗都能被杀死或会对作物造成药害。按化学结构分主要有酚类、苯甲酸类、二苯醚类、联吡啶类、氨基甲酸酯类、硫代氨基甲酸酯类、酰胺类、取代脲类、有机磷类等。

⑤植物生长调节剂：是专门用来调节植物生长、发育的药剂，如赤霉素、萘乙酸、矮壮素、乙烯利等。这类农药具有与植物激素相类似的效应，可以促进或抑制植物的生长、发育，有的可以提高植物蛋白质、糖类含量，有的可以增强植物的抗逆能力。根据用途

不同可分为脱叶剂、催熟剂、催芽剂、抑芽剂、保鲜剂等。

⑥杀线虫剂：适用于防治蔬菜、草莓、烟草、果树、林木上的各种寄生线虫。目前的杀线虫剂几乎全部是土壤处理剂，多数兼有杀菌、杀地下害虫的作用，有的还有除草作用。按化学结构分为卤化烃类、二硫代氨基甲酸酯类、硫氰脂类和有机磷类，如克线磷。

⑦杀鼠剂：按作用方式分为胃毒剂和熏蒸剂。

(2)根据农药的作用方式分类

①胃毒剂：药剂通过害虫的口器及消化道进入体内，引起害虫中毒死亡。胃毒剂只能用于咀嚼式口器的害虫，如蝗虫、蝼蛄等。对刺吸式口器害虫如蚜虫无效。

②触杀剂：药剂通过接触害虫体壁渗入体内，使害虫中毒死亡。目前大量应用的杀虫剂多是以触杀作用为主兼有胃毒作用，适用于各种口器害虫，对于体表具有较厚蜡层保护的害虫，如介壳虫效果不佳。

③熏蒸剂：药剂在常温常压下能气化或分解成有毒气体，通过害虫的呼吸系统进入虫体中毒死亡。如溴甲烷、磷化铝等。熏蒸剂一般应在密闭条件下使用。

④内吸剂：药剂通过植物的根、茎、叶或种子，被吸入植物体内，并在植物体内输导。害虫为害植物时取食药物而中毒死亡。如乐果等。一般来说，内吸剂对刺吸式口器害虫效果最好。内吸性杀菌剂能被植物吸收，在植物体内运输传导，兼有保护和治疗作用。

⑤保护剂：只对未侵入植物体内的病原物有效，保护性杀菌剂在病原菌侵入前施用，可保护植物，阻止病原菌侵入。如波尔多液。

(3)根据农药来源分类　可以将农药分为植物源、微生物源、无机类、有机类农药等。

2. 农药的毒性、毒力和药效

(1)农药的毒性　化学农药都是有毒化合物，使用不当可能会

第九章 枣树病虫害综合防治技术

对人、畜或其他有益生物造成毒害。农药的毒性是指药剂对非靶标生物(包括人体、家畜、家禽、水生动物及其他有益生物)的损害程度。根据对机体的损害性质或持续时间,把农药的毒性分成急性毒性、亚急性毒性、亚慢性毒性、慢性毒性、迟发性神经毒性、化学致畸作用、化学致突变作用等几类。

农药的毒性大小一般都是用农药纯化合物或制剂对大白鼠、小白鼠、家兔、狗等进行试验得到的结果,用半致死剂量,即 LD_{50} 表示。农药的毒性作用除了取决于此种农药本身的毒性以外,与它的剂型、使用方法等也有关。

根据农药急性毒性 LD_{50} 大小,通常把农药分为剧毒、高毒、中等毒性和低毒 4 个等级,表 9-1 是我国农药毒性分级的暂行标准。

表 9-1 我国农药急性毒性分级标准

级 别	经口 LD_{50} (毫克/千克)24 小时	经皮 LD_{50} (毫克/千克)4 小时	吸入 LD_{50} (毫克/小时)
剧 毒	<5	<20	<0.2
高 毒	5~50	20~200	0.2~2
中等毒	50~500	200~2000	2~20
低 毒	>500	>2000	>20

注:表中 LD_{50} 均指对大鼠。

(2)**农药的毒力** 是指在室内人为控制条件下对靶标生物的毒害程度。

在比较药剂的毒力、毒性时,经常采用致死中量,如用浓度表示剂量则致死中浓度用 LD_{50} 表示。杀菌剂抑制病原菌 50% 孢子萌发或菌丝生长的浓度或抑制中量分别用 EC_{50}、ED_{50} 表示。

(3)**农药的药效** 是指在田间各种环境条件下,对靶标生物综合作用的效果。农药在实际应用时的药效是一个很复杂的问题。首先,药剂本身的化学结构是决定是否有效的关键因素。化学性质决定药剂的毒杀作用机制,物理性质决定发挥这种作用的条件。

实际药效也与防治对象的特性有关,不同种类害虫、病原菌、植物或动物,由于生活方式和生理机能不同,接受药剂与中毒、解毒方式、程度也不同,对同一类或不同类型药剂的反应有很大差别。另外,影响药效的因素就是施药当时的环境条件。

3. 农药残留　农药残留是指施用农药后,残存在植物体内、土壤和环境中的农药及其有毒代谢物的量。农药残毒就是残留在食品中的农药毒性。如果未按照国家安全使用规定施用农药和进行农产品采收,或违反国家规定使用高毒农药,农产品就会有农药残毒,就会对食用者的身体健康造成危害,严重时会造成身体不适、呕吐、腹泻甚至死亡的严重后果。

4. 农药对植物的药害　农药在实际应用中,如果使用得当,不会对植物产生不良影响。但由于种种原因有可能会影响植物的正常生长即造成药害,轻者减产,重者可使植物死亡。植物药害按其症状发展的快慢可以分为急性药害和慢性药害两种。急性药害在喷雾后很快出现药害现象,如叶片烧焦、畸形、变色,果实出现斑点、锈点、色点或果实脱落,根系发育不良,幼苗畸形等;严重的造成落叶、落花、落果,甚至全株枯死。慢性药害是指在施药后较长一段时间甚至到植物生长末期才表现出来的药害。前期症状表现不明显,但光合作用减弱,花芽形成和果实成熟延迟,植株矮化、畸形,果实风味、色泽恶化;籽粒不饱满,穗、根基部畸形,产量降低,品质变差等。

农药是否产生药害主要是由药剂本身的性质、植物的种类、生长发育阶段和生理状态以及施药后的环境条件所决定的。

5. 农药的剂型　工厂生产的未经加工的农药叫原药。固体的叫原粉,液体的叫原油。原药一般不能直接用于大田。必须经过一定的手段,按其性质和用途加工成适宜的制剂即商品农药方能使用。

就全世界范围而言,农药的主导剂型仍然是粉剂、可湿性粉

第九章 枣树病虫害综合防治技术

剂、乳油和粒剂4大类。目前市场上(尤其在国外)出现的各种新剂型都是这几种剂型经过改进后的派生物。农药的加工剂型有以下几种。

（1）粉剂（DP） 是由农药有效成分与稀释剂、物理性能改良剂和稳定剂等混合、粉碎而成的粉末状制剂，是使用最早的农药加工剂型，粉剂的粒子细度规定在300目以下。粉剂不能被水湿润，不能分散和悬浮在水中，所以不能对水喷雾使用。粉剂中有效成分含量一般在10%以下。粉剂使用方法简便，工效高，应用广，可用于大田、温室、果树、林木喷粉防治病虫，也可以撒粉或拌种防治土壤害虫和土壤病害，还可以用粉剂配成毒饵用以防治害虫和害鼠。这种制剂的缺点是喷粉时粉粒易于飘失，污染环境或对周围敏感植物产生药害。粉粒不易附着在植物表面上，回收率低，持效期短，损失多。其优点是成本低，使用方便，不需要水，节省劳力。可以通过添加黏着剂、抗飘移剂、稳定剂等改进其性能。

（2）可湿性粉剂（WP） 是由原药和少量表面活性剂（湿润剂、悬浮剂和分散剂）以及细粉状的载体（硅藻土、陶土）等一起经粉碎混合而成。当原药为液体时，还需加入吸油量高的白炭黑。可湿性粉剂的pH、被水湿润时间、悬浮率等是其主要性能指标。可湿性粉剂的有效成分含量一般为25%～50%。它较粉剂对防治对象和保护作物有更好的附着性，飘移少，环境污染轻，药效好。它的有效成分含量一般都比粉剂高，又不含有机溶剂，便于贮藏运输，也提高了安全性。所以可湿性粉剂是一类重要的农药剂型。它可用来喷雾、泼浇或拌种。

（3）乳油（EC） 由农药原药、乳化剂和溶剂混合而成的透明液体，在水中可形成稳定的乳状液，是一种很重要的农药加工剂型。具有有效成分含量高、药效好、使用方便、加工简单、耐贮藏等优点。乳油的乳化性是其重要的物理性能，一般要求加水乳化后至少保持2小时内稳定。乳化性能差容易造成药害和降低防治效果。乳油加工成本低,任何固体、液体或处于中间形态的原药只要能溶于有机溶剂都可以加工成乳油。乳油稀释、喷洒方便,药效高,防治成本也低。它的最大问题是要消耗大量的有机溶剂,既是对化工原料的浪费,又加重了对环境的污染。由于有机溶剂的可燃性,也增加了贮存和运输的危险性。乳油可用于喷雾、拌种或配制毒饵和颗粒剂。

(4)浓乳剂(CE)和微乳剂(ME) 浓乳剂也称乳剂型悬浮剂。它是液体农药或固体农药与溶剂溶解制得的液体农药以微小液滴(20微米以下)分散于水中的制剂。该制剂以水为基质,不可燃,不易引起药害,刺激性和毒性都较乳油低,提高了对人、畜和作物的安全性。微乳剂又称水基质乳油、可溶化乳油。由原药、乳化剂、防冻剂、水组成。其优点是不可燃,贮存、运输安全性好;与乳油相比其药效提高,刺激性和臭味减轻;贮存稳定好;没有沉淀、结块以及黏度增大流动性差的缺点;对植物的安全性也提高了。

(5)悬乳剂(SC) 是固体农药分散于水中的制剂。其组成除有效成分外,还有湿润剂、分散剂、增稠剂、消泡剂、防冻剂和水等。兼有可湿性粉剂和乳剂两种制剂的优点。其特点是加工和使用时没有粉尘飞扬,对工人安全,使用方便,污染小;没有易燃性,加工、贮存、运输安全,不易产生药害;较可湿性粉剂药效好。

(6)颗粒剂(GR) 由原药和载体等助剂加工成的粒状制剂。该制剂的特点是使用方便、沉降性好、飘移少,对环境污染小,特别是使用除草剂粒剂,对周围敏感性作物影响小,还可以使高毒品种低毒化,提高对人、畜以及作物和有益生物的安全性,也可以控制农药释放速度,延长持效期。颗粒剂可直接撒施。近年来工厂化生产的微粒剂可用于拌种、处理土壤或撒施。

(7)油剂(OL)和超低容量喷雾剂 农药原药溶解于有机溶剂成单相油状液体。可直接喷雾使用的制剂称为油剂。超低容量喷雾剂是专供超低容量直接喷雾使用的一种油剂。这种油剂要求

第九章　枣树病虫害综合防治技术

有效成分高效、低毒、低残留。

(8)烟剂(FU)　是由原药、燃料(蔗糖、木粉、煤粉等)、助燃剂(氯酸钾、氯酸钠、硝酸钾等)、阻燃剂(陶土、氯化铵)等,按一定比例混合加工成的粉状或锭状制剂,点燃可以燃烧,但无明火,农药受热气化在空气中凝结成固体微粒而成烟。在密闭条件下更能发挥作用。常用于温室、大棚等密闭环境中病虫害的防治,如22%百菌清烟雾剂。

(9)缓释剂(BR)　是利用高分子聚合物及一些天然材料制成的,用物理或化学方法,使农药贮存于制剂中,并能使其缓慢地、有控制地释放、发挥其药效的一类农药制剂。优点是可以延长药剂的持效期,降低对人、畜、有益生物的毒性,减轻药害,减少环境污染等,是一类很有开发潜力的农药剂型。对一些毒性大、药效高的农药品种制成缓释剂,能起到安全用药的作用,如甲基1605微胶囊。

(10)其他剂型　如可溶性粉剂(SL)、水剂(AS)、气雾剂(AE)等。

6. 农药的使用方法　根据栽培植物、防治对象、气候、剂型、机械条件等具体情况,采用不同的农药使用方法。使用农药要尽量做到省工、省药、高效、低污染。

(1)喷粉法　是用喷粉器将药粉均匀地喷洒在防治对象及其寄主的表面。其优点是工效高,适用于大面积干旱缺水的地区。但粉粒的黏附力差,残效期短,易飘散,对环境污染严重。为保证喷粉质量,一般应在早晚无风时进行。药粉用量以每667平方米1.5~2.5千克为宜。喷粉以后,用手指按在叶片上,能看到手上粘有少许药粉即可;如看到植物叶面发白,说明药量过多。

(2)喷雾法　是用喷雾器将药液均匀喷洒在防治对象及其寄主的表面。可湿性粉剂、乳油、水剂、胶悬剂等都可对水喷雾。常规喷雾法通常采用人力喷雾器或机动喷雾器,根据植物体的大小和密度,每667平方米用药液量在50~100升。喷出雾滴的直径为200微米左右。喷施程度以叶面充分湿润而没有液滴流下为宜。低容量喷雾法是利用高速气流直接把药液吹散成细小的雾滴,雾滴直径在100微米左右。此法用药液量约为常规喷雾的1/10或更少,使用药液的浓度也相应提高约10倍。此法喷洒速度快,效果好。超低容量喷雾法是在低容量喷雾法的基础上发展而来的。一般每667平方米用药液350毫升以下,雾滴直径70微米左右,不用水,直接喷洒油剂,在高速离心作用下使药液雾化,喷药速度更快,但因雾滴小而易散失。

(3)种子处理法 常用的种子处理法有药剂拌种和药剂浸种。拌种是将种子和粉剂在拌种器内拌匀,或用高浓度的药液喷在种子上,使药剂均匀黏附在种子表面。药剂用量一般以种子重量的百分数计算。内吸剂拌种后要堆闷4~6小时。浸种是用一定浓度的药液浸泡种子,药液浓度、浸泡时间要经过试验后才能确定,以保证药效和避免药害。

(4)撒施法 将毒土、颗粒剂或毒饵撒在地面或植物的某一部分,叫做撒施。如植物生长期防治地下害虫,需将毒土、颗粒剂或毒饵撒在根际附近。

(5)涂抹法 将具有内吸作用的乳油加少量水稀释,或加入矿物油配成高浓度的混合乳油,涂于植物的茎秆上,使植物内吸后达到防治病虫的目的。此法有利于保护害虫的天敌。

(6)熏蒸法 利用农药的气体防治病虫害的方法叫熏蒸法。这种方法多用于仓库、温室、塑料大棚内病虫的防治。

(7)其他方法 将农药用较大量的水稀释后,直接在稻田内泼浇;防治枯萎病常用药液灌根;防治地下害虫可在饼粉或麦麸中加入1%~3%的药剂和20%~30%的水制成毒饵;也可将谷子煮成半熟后再加入1%~3%药剂制成毒谷;对大面积发生的病虫害还可用飞机喷药。

第九章　枣树病虫害综合防治技术

7. 农药的科学使用　农药作为一种主要农业投入品,在防治病、虫、草、鼠等有害生物、提高农作物产量和质量方面做出了巨大的贡献。然而,长期单纯依靠化学防治的结果是:有害生物产生抗药性,愈来愈难以控制;天敌被大量杀伤,失去了它们对有害生物的自然控制作用;农药的残留污染环境,危及人、畜及其他生物的生存;而且往往出现被控制的有害生物再度猖獗和次要种类演变成主要危害者。总结分析了化学防治中出现的上述矛盾和问题之后,人们才逐渐认识到防治农作物有害生物不能以"消灭"为目标,而应该把它们作为重要生态学问题来考虑研究,只需将其种群数量控制在不造成明显危害的水平就达到了目的。不能单纯依靠一种手段,而应针对有害生物与农作物为中心的复杂生态系统,采用多种手段的配合进行综合防治。尤其是在绿色食品的生产过程中更应注意农药的科学使用,以保证农产品的安全生产。

(1) 农药的安全使用　在农药安全使用等方面国家已出台了有关法规和标准。20世纪80年代以来农业部陆续公布了《农药合理使用准则》(一至六)和部分农药的最高残留限量标准(MRL),以后这些准则和标准均上升为国家标准。1997年国务院和农业部分别发布实施《农药管理条例》和《农药管理条例实施办法》。2000年,农业部又规定了《绿色食品农药使用准则》(行业标准)。前不久,国家质量检验检疫总局又发布了4个无公害农产品质量安全标准(国家标准)。

(2) 大力推广无害化技术　优先采用农业措施,通过抗病抗虫品种、轮作倒茬和间作套种及嫁接等耕作制度、翻耕和肥水管理等栽培措施,提倡植物医学概念,重视作物自身健康。尽量利用物理防治和人工手段,如色、光、味、植物、性信息素等诱杀,防虫网隔离和地膜覆盖,高温处理和有机肥灭虫、菌,机械捕捉和人工除草等。

(3) 提倡使用生物农药、生物合理农药或环境相容型农药　包括转基因抗虫作物品种(转Bt基因棉花),商品化天敌生物(苏云金杆菌 Bt 制剂、拮抗菌、赤眼蜂、核多角体病毒、白僵菌)、植物源农药(苦楝素、苦参素、藜芦碱醇溶液、烟碱、鱼藤根、除虫菊素)、微生物源农药(阿维菌素、菜喜、井冈霉素、农抗 120、多抗灵、农用链霉素、抗霉剂 401、抗菌剂 402)、矿物源农药(农用喷淋矿物油、硫蒸气)。

(4)合理使用化学农药　首先,针对防治目标和要求,科学选择合适的农药品种、剂型及使用方法,确认农药标签和农药登记或临时登记证号。在其后的施药过程中,严格遵守《农药安全使用规定》、《农药合理使用准则》、《最高农药限量标准》等有关规定和标准,严格按照产品标签规定的用药剂量、用药次数、防治对象、用药方法、施药适期、安全间隔期、注意事项等施用农药,不得随意改变。严禁违法使用农药。

品种:筛选应用高效或超高效、低毒、低残留、无污染、无交互抗性、低成本、一次性的选择性农药品种,取代常用广谱、高毒农药品种。如推广昆虫生长调节剂和特异性杀虫剂(抑太保、米满、抑食肼、灭蝇胺、除尽),严格禁止剧毒和高毒农药在瓜果、蔬菜、茶叶、中草药材上使用。

剂型:推广环境相容型剂型(如水乳剂、微乳剂、悬浮剂、种衣剂、水分散粒剂、微胶囊剂),取代常用乳油和可湿性粉剂。

施药方法和器具:采用环境相容性使用技术和合适施药器具,如硫蒸发器,抛撒。

施药剂量:严格按规定的施药剂量使用农药,禁止超量使用。

施药时间:严格遵守农药安全间隔期规定。

其他:防止农药中毒和药害事故发生。

处罚:《农药管理条例》第七章第三十九条规定:不按照国家有关农药安全使用的规定使用农药的,根据所造成的危害后果,给予警告,可以并处 3 万元以下的罚款。构成犯罪的,依法追究刑事责任。第六章第三十七条指出:禁止销售农药残留量超过标准的农副产品。

(5)绿色食品和有机农业中的农药使用原则　目前,我国在大力发展无公害农产品生产的同时,提倡绿色食品(A级和AA级)和有机食品生产。绿色食品和有机食品与无公害农产品既有区别,又有关联,对农药等农业投入品使用方面的要求高于无公害农产品。

A级绿色食品的生产,允许使用生物活体农药(天敌)、中等毒性以下的生物源农药(包括植物源农药、动物源农药和微生物源农药)和矿物源农药(硫制剂、铜制剂),允许有限度地使用部分中等毒性以下的有机合成农药,同时要求严格按照《农药安全使用标准》和《农药合理使用准则》控制施药量和安全间隔期,每种有机合成农药在一种作物的生长期内只允许使用一次,有机合成农药在农产品中的最终残留应符合MRL标准,严禁使用剧毒、高毒、高残留或具有三致毒性(致癌、致畸、致突变)的农药和基因工程品种(产品)及制剂。

有机食品的生产,允许使用天敌动物、中等毒性以下的植物源农药和矿物源农药(硫制剂、铜制剂),允许有限度地使用活体微生物农药和农用抗生素,禁止使用有机合成化学农药,禁止使用生物源、矿物源农药中混配有机合成农药的各种制剂,禁止使用基因工程品种(产品)及制剂。

二、操作技能

(一)枣树常见害虫及其防治

1. 黄刺蛾及其防治　别名洋辣子、刺毛虫。在我国分布比较广泛,除贵州、西藏尚未见报道外,几乎遍及我国各个枣区。国外分布于日本、朝鲜等国。以幼虫为害,杂食性。初龄幼虫多在叶背面食叶肉,留叶脉和上表皮,形成圆形透明的小斑,严重时,能将叶片吃成网状或将叶片吃成缺刻、孔洞,甚至只留叶柄及三主脉,严重影响树势和枣果产量。防治方法如下。

(1)清除越冬虫卵　冬剪时剪掉有虫茧的小枝,并集中烧毁。同时收集根部土中的虫茧并消灭。

(2)物理防治　对成虫采用灯光诱杀。

(3)药剂防治　幼虫发生时进行喷药,常用药剂有青虫菌粉1000倍液,25％灭幼脲1000～2000倍液,50％马拉硫磷乳油1000倍液等多种杀虫剂,均有较好效果。

2. 枣尺蠖及其防治　别名枣步曲、弯腰虫、弓腰虫。在我国枣产区均有为害。主要为害枣树嫩芽和幼叶,一般以幼虫为害,造成孔洞和缺刻,严重时将叶片吃光,影响枣树的正常生长和开花结果,并能影响翌年座果。枣尺蠖1年只发生1代。防治方法如下。

(1)农业防治　果园秋翻灭蛹。

(2)涂油　在距地面10～50厘米处,将粗皮刮去,涂上10厘米左右的粘虫带,以防止雌蛾、幼虫及其他害虫上树为害。

(3)绑膜　3月上旬在树干基部绑一条10厘米宽的塑料薄膜,膜下部用土压实。并在周围撒上2.5％敌百虫粉,阻止成虫上树并毒杀成虫和幼虫。

(4)震落捕杀　在幼虫发生期,利用其假死现象,敲树震落,及时消灭。

(5)药剂防治　幼虫为害期,使用苏云金杆菌孢子悬浮液进行喷洒。

3. 枣黏虫及其防治　别名枣菜蛾、枣镰翅小卷蛾、枣小蛾、黏叶虫。主要为害地区为山东、山西、河北、河南、江苏等省。为害枣树的芽、叶、蕾、花和果实。常将叶片吐丝粘在一起或将叶片正面纵卷成饺子状,幼虫潜藏其中,取食叶片。还可将叶子和果实粘在一起,然后从果柄蛀入果内取食果肉,造成落果,严重影响树势和

第九章 枣树病虫害综合防治技术

产量。河南、江苏1年发生4代,山西、河北、山东1年发生3代。防治方法如下。

(1)生物防治　保护和利用天敌。

(2)合理间作　可在枣树行间种植小麦、红薯、大豆、土豆、绿豆、苜蓿等,为天敌提供隐蔽场所。

(3)刮树皮　早春刮除树干上的粗皮,并集中烧毁或深埋。

(4)诱杀　生长季节夜间可使用黑光灯、糖醋液、性诱剂诱杀成虫。

(5)药剂防治　幼虫发生期可喷施90%敌百虫800～1 000倍液、50%辛硫磷乳油1 200倍液、50%马拉硫磷乳油800倍液、生物农药青虫菌或杀螟杆菌等200倍液,均有较好效果。

4. 桃小食心虫及其防治　别名枣桃小、枣蛆。主要分布在华北等枣产区。幼虫为害果实,在果内串食,虫粪留在果内,形成"豆沙馅"。发生严重时,造成大量落果,严重影响枣树产量和枣果品质。1年发生1代,部分个体1年发生2代。防治方法如下。

(1)加强田间栽培管理　翻土清除虫茧。

(2)覆盖地膜　在树周围半径100厘米以内覆盖塑料薄膜,抑制幼虫出土、化蛹、羽化。

(3)保持田园卫生　捡拾落果,并集中处理。

(4)诱杀　利用桃小食心虫性诱剂对其进行捕杀。

(5)药剂防治　在枣芽萌动期4月上中旬和老熟幼虫脱落前的7月中旬,对地面喷洒辛硫磷乳剂700倍液;在7月中下旬和8月中下旬,可在树上喷洒25%灭幼脲3号悬浮剂1 000～2 000倍液、50%辛脲乳油1 500～2 000倍液、50%马拉硫磷乳油1 000倍液、50%辛硫磷乳油1 000～1 500倍液等,均有良好效果。

5. 枣瘿蚊及其防治　别名枣叶蛆。分布在国内各枣区。以幼虫为害枣树嫩叶、花蕾和幼果。幼虫吸食枣叶汁液致叶肉增厚,叶两边纵卷成筒状,叶呈棕红色至紫红色,变硬发脆,最后变成黑褐色,枯萎。对幼树为害较大。1年发生5~6代。防治方法如下。

（1）物理防治　成虫羽化前控树盘,阻止成虫出土。

（2）土壤防治　春季枣树萌芽前,土面喷洒50%辛硫磷300倍液,然后浅耙土壤,可杀死入土化蛹的老熟幼虫；秋季将树周土壤浅翻,消灭越冬虫源。

（3）药剂防治　幼虫为害期,可喷洒90%晶体敌百虫或48%乐斯本乳油1 000倍液、25%灭幼脲3号悬浮液1 000~2 000倍液、50%辛脲乳油1 500~2 000倍液、50%马拉硫磷乳油1 000倍液等,均有较好效果。

(二)树枣常见病害及其防治

1. 枣疯病及其防治　又称丛枝病。也叫公枣树、疯枣树。是一种毁灭性病害,病原称为枣植原体。枣树地上、地下部均可染病。病树枝、叶、花、根部不能正常生长发育,形成枝叶丛生现象,直至全树死亡。通过各种嫁接方式、根蘖苗木繁育或取枝条扦插进行传播；在自然界中中国拟菱纹叶蝉、橙带拟菱纹叶蝉、凹缘菱纹叶蝉、红闪小叶蝉等均是传播媒介,凹缘菱纹叶蝉一旦摄入枣疯病植原体后则能终生带菌,可陆续传染许多枣树。土壤、花粉、种子、汁液及病健根的接触均不能发病。经嫁接接种后潜育期短者25~31天,长者382天。一般都是局部枝条先发病,逐渐扩展到全树。小树发病后1~2年、大树4~7年便枯死。土壤干旱瘠薄、肥水条件差、管理粗放、病虫害严重、树势衰弱发病重；反之则轻。盐碱地很少发病,其原因可能是影响枣树的新陈代谢,增强对枣疯病的抗病性；也可能是当地缺乏媒介昆虫。枣疯病的发生与地势、土质、管理和品种有关。防治方法如下。

（1）铲除病树,防止传染　及时彻底清除病树,早期消灭传染中心。清除病树时应将树根清除干净,以免萌发传染。

第九章　枣树病虫害综合防治技术

（2）选用抗病品种和砧木　不同枣树品种间抗病性差异很大，生产上应注意选用抗病性的优良品种。选用抗病的酸枣品种和具有枣仁的抗病大枣品种作砧木。

（3）培育无病毒苗木　选择无病母株采集接穗、插条和繁殖根蘖苗，加强苗木检疫，严禁病苗进入枣区。

（4）加强枣园管理　加强枣园土肥水的综合管理，增施碱性肥料和农家肥。合理修剪，增强树势，提高树体本身的抗病能力。同时，加强对菱纹叶蝉等枣疯病媒介昆虫的防治。

（5）药剂治疗　采用河北农业大学的试验产品祛疯 1 号进行树干输液，对病树的治疗和康复效果显著。

2. 枣锈病及其防治　在我国枣区均有发生。该病主要危害叶片。发病初期叶背面散生淡绿色小点，后渐变为暗黄褐色不规则突起，即病菌的夏孢子堆，直径 0.5 毫米左右。多发生于叶脉两侧、叶尖端或基部，叶片边缘和侧脉易凝集水滴的部位也见发病。有时夏孢子堆密集在叶脉两侧连成条状。初埋生于表皮下，后突破表皮外露并散出黄粉状物（即夏孢子）。后期，叶面与夏孢子堆相对的位置，出现不规则边缘的绿色小点，叶面呈花叶状，后渐变为灰色，失去光泽，枣果近成熟期即大量落叶。枣果未完全长成即失水皱缩或落果。落叶后于夏孢子堆边缘形成冬孢子堆。冬孢子堆小、黑色、稍突起，但不突破表皮。

枣锈病的侵染循环尚不十分清楚，可能以冬孢子在落叶上越冬，也有报道以夏孢子越冬。据检查，枣芽中有多年生菌丝活动。发病落叶上越冬的夏孢子和酸枣上早发生的锈病菌是主要的初侵染源。有试验证明，外来夏孢子也是初侵染源之一。夏孢子随风传播，通常于 7 月中下旬开始发病，湿度高时病菌开始侵染叶片。河北省东北部 8 月初开始发病。9 月初进入发病盛期，大量夏孢子堆不断进行再侵染，致叶片脱落。有些年份，落叶可推迟到 11 月初，9 月下旬出现冬孢子。地势低洼，行间郁闭发病重；雨季早，降水多,气温高的年份发病重。高燥的坡地,通风良好的区域发病较轻。防治方法如下。

(1)加强栽培管理 枣树不要过密栽植,应合理修剪使其通风透光;雨季及时排水,防止园内过于潮湿,以增强树势,提高抗病能力。

(2)搞好果园卫生 晚秋或冬季注意清除初侵染源,清除果园的残枝落叶,集中烧毁。

(3)药剂防治 在枣树萌芽前,喷3~5波美度的石硫合剂。重病区可于7月上中旬和8月上旬喷2次药,轻病区可喷1次。可选择30%绿得保胶悬剂400~500倍液,或20%萎锈灵乳油400倍液,或97%敌锈钠可湿性粉剂500倍液,或0.3波美度石硫合剂,或45%晶体石硫合剂300倍液等。

3. 枣铁皮病及其防治 又称黑腐病,俗称雾烨、铁焦、黑腰等。铁皮病是发生在果实上的一种病害,该病由3种真菌单独或复合侵染引起。发病期为果实的白熟期。一般3~7天即开始表现症状,果实着色期开始显现病症。首先在果实的表面出现黄褐色病斑,犹如铁锈色。随之病斑扩大,果肉变褐,味变苦。病果极易脱落,失去食用价值。此病一般在8月中下旬发病,8月下旬至9月上中旬进入发病盛期。不同年份,发病高峰出现的早晚不同,发病轻重也有很大差异。不同地区、不同品种染病程度也不一样,果实生长期、成熟期多雨,湿度大发病重。防治方法如下。

(1)加强综合管理 加强土肥水管理,增施有机肥,提高土壤有机质含量。加强树体管理,使树体通风透光。加强病虫害防治,提高树体的抗病能力。

(2)药剂防治 萌芽前喷3~5波美度石硫合剂;6月中下旬(末花期)开始喷杀菌剂,每隔10~15天喷1次,连续喷3~4次。

4. 枣焦叶病及其防治 枣树染病后首先叶片出现灰色斑,进而转褐色,斑与斑相连导致顶端、外缘向内枯焦,枣吊顶部坏死焦

第九章 枣树病虫害综合防治技术

枯。后期病叶发黄早落。幼果瘦小、早落。重病树在9月中下旬出现二次萌芽,新叶发出后重新感染发病。对树势、产量影响较大。

枣焦叶病病原菌属真菌中的半知菌门,属于弱寄生菌,在立地条件差、土壤瘠薄、干旱少雨、树势弱的情况下发病重;发病高峰期降水次数多,病害蔓延速度快。不同品种抗病性差异显著。防治方法如下。

(1)预测预报 5月上中旬,当气温达到20℃时,在枣园内用载玻片涂甘油或凡士林,每2片为1组,涂上甘油或凡士林的面向外,以绳固定,悬挂于枣园中,每5天观察1次,根据孢子形态及捕捉数,确定枣焦叶病发生期及发生量,用以指导防治。

(2)搞好果园卫生 冬季及时清除枯枝落叶,集中烧毁,萌芽后及时剪除未萌发的枯枝,集中烧毁,以减少传染源。

(3)药剂防治 在发病期每隔15天喷1次叶枯净500倍液或抗枯宁500倍液,连续喷2~3次,可以有效控制病害流行。

5. 煤污病及其防治 又叫黑叶病。是一种真菌病害。该病危害枣树叶片、果实和枝条,严重时叶片、枝条、果实均被黑色霉菌所覆盖,整个树冠全成黑色。成灾后新叶萌发少,影响叶片的正常光合、呼吸、蒸腾作用,造成花小,花期短,座果少,落果多,果实小,严重影响枣树的产量和质量,造成减产或绝产。该病以菌丝、分生孢子和子囊孢子越冬,靠风力、昆虫或雨水传播,以龟蜡介壳虫的排泄物和枣的分泌物为营养,诱发煤污病大量繁殖,并进行多次重复感染。7月中旬至8月中旬为发病盛期。介壳虫、蚜虫密度同该病发病率呈正相关。雨量多、空气湿度大的年份,病害易流行。防治方法如下。

(1)搞好果园卫生 秋季注意及时清扫果园落叶,集中沤肥或烧毁,以减少病源。

(2)及时防治害虫 在若虫期喷药,及时防治介壳虫和蚜虫。

注意保护利用天敌,可防治和减少病害的发生。

(3)药剂防治　7月中旬以前适时喷洒杀菌剂,可选择多菌灵800倍液,50%利得可湿性粉剂800~1 000倍液等。

(三)枣树主要生理病害及其防治

1. 枣树缺铁症及其防治　又叫黄叶病。各枣区都有零星发生。主要以苗木或幼树发生最为严重。枣树受害后新生枣梢、叶片呈黄色或黄白色,但叶脉仍为绿色。严重时,可导致顶端叶片焦枯。发病的原因主要是缺铁所致。当土质过碱和含有多量碳酸钙时,可溶性铁就呈不溶状态,导致枣树无法吸收。枣树缺铁症多发生在盐碱地或石灰质过高的地方。防治方法如下。

(1)加强果园管理　加强果园的综合管理,增施农家肥,使土壤中铁元素呈可溶性,以利于树体吸收。

(2)施铁　在生长期可选用3%硫酸亚铁灌根或树冠喷施0.4%硫酸亚铁溶液,均有良好的防治效果。

2. 裂果及其防治　是枣果实上发生的一种比较普遍的生理病害,各大枣区均有发生。表现在果实近成熟时,由于雨水频繁,在果面纵向裂开一条长缝,有时也有横向开裂,果肉稍外露。裂口后容易引起霉菌等感染,裂口边缘开始浆烂,果肉发软,组织解体,轻者失去商品价值,重者失去食用价值。发病的主要原因就是在幼果期干旱,细胞分裂受到抑制,果皮可缩性差。加之在果实近成熟时,高温多雨,果皮与果肉膨胀不均匀。在枣果近成熟时,高温、高湿、多雨是枣裂果的必要条件。不同品种对裂果的抗性差异较大,一般果皮厚的品种抗裂,果皮薄的不抗裂。防治方法如下。

(1)加强果园管理　加强果园的综合管理,在果实发育期,特别是发育初期(细胞分裂期)适当浇水,可减轻裂果的发生。

(2)合理整形修剪　合理的栽植密度,选择合理的树形,合理修剪,改善树体的通风透光条件。

第九章 枣树病虫害综合防治技术

(3)喷石灰和硼 从8月上中旬喷施生石灰100倍液,加少许平平加(表面活性剂)和硼砂5 000倍液,每隔10~15天喷1次,连续喷2~3次,可以有效减轻病害的发生。如此时期连续干旱可不喷或少喷,防止发生药害。喷含钙的波尔多液,也可减轻该病害的发生。

(四)主要自然灾害及其防御

1. 旱害 与其他树种相比,枣树是抗旱能力比较强的树种,但若长期干旱,也将影响枣树的生长发育与结果。旱害表现为叶片卷曲、黄化脱落、焦花、无蜜、座果率低,幼果皱缩、失水脱落,造成枣树生长发育缓慢或停止,影响产量和品质。防治措施如下。

第一,选择有水浇条件的地方建园,干旱时及时浇水。有条件的地方,注意灌溉系统的建设。

第二,加强果园的综合管理,实施果园行间生草和株间覆盖等栽培措施,保持土壤水分。山区果园可实施穴贮肥水技术,也会收到较好的效果。

第三,干旱季节,具备条件的果园,可以实施枣园喷水,增大空气湿度,这样对缓解干旱也有较好的效果。

2. 风害 枣树是抗风能力比较强的树种,但若风速过大,对枣树也会造成一定的危害。风害表现的症状为春季干热风,枝条容易抽干。特别是幼树,严重的可导致死亡。花期风害主要表现焦花,花期缩短,影响授粉受精,降低座果率;在枣果期,大风导致枣果脱落,降低产量。防治措施如下。

第一,建园时,要选择好地块,不要在风口、风道等容易遭受风害的地方建园。建园的同时要规划和建设枣园防护林。

第二,提倡枣树适当矮化密植,采用低干矮冠整形,这样可以降低风速,减少风害损失。

第三,加强枣树管理,对结果比较多的树及时采取吊枝、顶枝、设立支柱等措施,以免发生风折或风倒现象。

第四,枣树遭受风害后,要根据受害情况,及时采取扶正、支柱支撑、吊枝和顶枝等措施。同时加强肥水管理,尽早恢复树势。

3. 雨害 枣树是耐涝的树种,但雨水过多,也会造成雨害。雨害表现的症状为树体衰老,生长缓慢或停止生长。叶片黄化、枯萎脱落,根系腐烂。花期雨水过多,光照不足,影响座果率,造成落花落果。枣果近成熟时雨水过多,可导致裂果和烂果,影响果实的产量和品质。防治措施如下。

第一,不在低洼易涝和水位高的地区建园,建园时要选择好园址,注意排水设施的规划与建设。

第二,枣树遭受雨害后要及时加强枣园的综合管理,及时排水,及时追肥,恢复树势。

第三,根据天气预报,在枣果成熟期多雨时应提前喷生石灰,防止裂果的发生。

4. 雹害 枣园一旦发生雹害,能使枣头、枝叶、树干、花、果等遭受损伤,造成落叶、落花、落果,严重时伤害树枝,削弱树势,影响产量和品质。防治措施如下。

第一,雹灾过后要加强树体管理,增施肥料,恢复树势。

第二,雹灾后要清理果园,整理枝条,对枝干雹伤及时喷施杀菌剂保护,防止病菌侵染。

思 考 题

1. 枣树病虫害综合防治技术包括哪些内容?
2. 农药使用有哪些主要方法?
3. 枣树主要害虫有哪些?如何防治?
4. 枣树主要病害有哪些?如何防治?
5. 枣裂果病如何防治?
6. 枣树主要自然灾害有哪些?如何防御?

第十章 枣果实采收与贮藏

果实采收是果树生产中的重要环节,如果采收不当,不仅降低产量,而且影响果实的耐贮性和果实品质,甚至影响翌年的产量。根据果品市场的需求以及果实成熟度进行适时正确的采收是进行果实贮藏保鲜的前提。果实采收后进行贮藏保鲜和商品化处理,更能延长果实的货架期,增加果品的附加值,提高果园的经济效益。

一、专业知识

(一)枣果实的成熟过程

果实的成熟是指果实生长达到充分成长的时候,在果实中的各种物质发生极明显的变化,果实的果皮和果肉色、形、香、味都有了充分发育。果实的成熟度是指果实性状的发育程度,可分为可采成熟度、食用成熟度和生理成熟度。枣果的成熟过程是不同品种枣果特有的形状、色泽、营养和风味迅速定型的关键时期。

根据枣果实的果皮颜色和果肉质地变化的情况,枣果实成熟过程分为 3 个阶段:即白熟期、脆熟期和完熟期。

1. 白熟期 枣果皮绿色减退,呈绿白色或乳白色。果实体积不再增加,枣果大小、形状已基本固定。果实硬度大,汁液少,含糖量低,味略甜。此时糖分积累最快,维生素 C 含量不断增加。

2. 脆熟期 白熟期过后,果皮自梗洼、果肩开始逐渐着色。果皮逐渐出现红晕,然后出现片红直至全红。果肉内的淀粉、有机酸等物质转化成糖分,含糖量剧增,质地变脆、汁液增多。果肉仍呈绿白色或乳白色。果皮增厚、稍硬,食之酥脆、香甜、爽口,色、香、味俱佳,内含营养物亦最为丰富。

3. 完熟期 脆熟期后果实继续积累养分,果肉含糖量继续增加,皮色进一步加深。果肉颜色由绿白转成乳白色,近核处转成黄褐色,果肉逐渐变软,水分和维生素含量逐步下降。果皮皱褶。完熟期的特点是果肉变软,果皮深红色、微皱,用手易将果掰开,味甘甜。

(二)成熟果实的生理变化

果实着色前,外果皮含有叶绿素、呈绿色。随着果实的成熟,其叶绿素逐渐消失,而花色素逐渐形成,果实也由绿色逐渐变为红色。枣成熟期主要进行营养物质的积累和转化,果实达一定大小,果皮绿色转淡,开始着色,含糖量迅速增加,风味渐佳,表现出品种特有的色、形、味。

(三)适时采收的意义

果实只有适时采收才能够发挥出优良品种的优良种性,过分早采或晚采都会影响枣果实的商品质量和产量。

对于鲜食枣品种,过于早采的果实果皮尚未转红,果肉中的淀粉尚未转化成糖,汁少味淡,质地生脆,外观和内在品质都会受到明显影响;而晚采又会使果实失去酥脆感,而且不容易贮放;对于制干的枣品种,早采不仅导致干枣的果皮薄、皮色浅、营养含量低、风味差,严重影响质量,而且制干率低,影响产量。过分晚采会出现大量落果,容易造成烂果,不利于制干。

(四)影响果实贮藏的因素

为实现鲜枣贮藏保鲜的理想效果,要采取一些必要的手段和措施,限制那些不利于贮藏保鲜的因素,创造出适于贮藏保鲜的环境。

第十章 枣果实采收与贮藏

枣果贮藏保鲜的效果受枣果本身和外部环境两方面因素的影响。

1. 枣果本身的因素

(1)品种 鲜枣的贮藏性因品种不同而差异很大。一般而言,晚熟品种较早熟品种耐贮,鲜食与制干兼用品种较耐贮,抗裂品种较耐藏,小果型品种耐藏性较好。

(2)枣果成熟度 枣果在成熟和完熟过程中,颜色、脆度、风味及营养成分都会出现一系列的变化。一般成熟度越低越耐贮藏,保鲜期随着成熟度的提高而缩短。据研究,将全红、半红和初红期采收的枣果,在 0℃条件下贮藏,以初红果最耐贮,半红果次之,全红果耐贮性最差。当成熟度不足时,果内的有机酸尚未转化,贮后品质也不佳。同时因果皮保护组织发育不健全,易失水失重而造成不耐贮藏。所以,适合贮藏保鲜的枣果多在初红或半红期采收。

(3)植物激素的作用 乙烯、脱落酸的生成和存在会加速果实的成熟进程,尤其是乙烯能提高吲哚乙酸氧化酶、脱落酸及其他衰老因子的活化。所以乙烯是果实加速成熟的物质,对果实长期贮藏保鲜会产生不利的影响。赤霉素及萘乙酸对乙烯及脱落酸有拮抗作用。合理使用植物生长调节剂,不但可以减轻落果,同时对延长着色和采收期以及采后贮藏保鲜都能起到一定的作用。

(4)水分 是果实发育不可缺少的物质,也是细胞原生质的重要组成部分。枣的幼果含水量一般为 80%～90%,白熟期水分占 60%左右,完熟期含水量在 45%左右。鲜食品种果肉中的含水量不可太低,一旦失水便失去了鲜脆状态,品质明显下降。用于贮藏保鲜的枣果不能失水;失水后的枣果不利于贮藏,也不利于销售。所以,枣果不论是用于贮藏还是立即投放市场,都必须运用各种有效措施,把枣果水分外散减少到最低限度。

(5)呼吸作用 它的方式强度即呼吸类型直接影响枣果的贮藏效果。有关鲜枣的呼吸类型报道不一。有研究认为,枣属非跃变型果实,采后无呼吸高峰,乙烯释放量少,但对外源的催熟作用反应明显,对二氧化碳敏感,且易产生无氧呼吸。但张培正(1995)、任小林(1995)研究报道,圆铃大枣、大荔圆枣、狗头枣采后具明显的呼吸跃变和乙烯释放高峰,属呼吸跃变型果实。因此,不同地区枣品种的呼吸类型及乙烯生成规律有待进一步研究。

　　枣果采收以后仍然是一个完整的生命体,贮藏中生命活动的主要表现是呼吸作用。呼吸作用的实质是在一系列专门酶的参与下,经过许多中间反应所进行的一个缓慢的生物氧化—还原反应,把细胞组织中复杂的有机物逐步氧化分解成为简单物质,最后变成二氧化碳和水,同时释放出能量的过程。这种呼吸作用分为有氧呼吸和无氧呼吸两种方式。呼吸强度越大,则体内养分的分解消耗越快;反之则慢。由此可见,控制被贮枣果的呼吸强度是减少消耗、延长贮藏时间的中心任务。有氧呼吸和少量的缺氧呼吸是枣果贮藏期间本身所具有的生理机能,少量的缺氧呼吸也是果蔬适应性的一种表现,使枣果在暂时缺氧的情况下,仍维持生命活动。但长期严重的缺氧呼吸会破坏果实正常的新陈代谢,导致被贮果实的迅速变质腐烂。

　　(6)果实完整性　枣果实有无虫伤、磕碰伤、挤压伤、摔伤及枣果果柄是否完整都可以直接影响其贮藏时间。不完整的枣果因为有伤口而使本身的生理机能发生变化,呼吸强度增加,物质消耗加速。同时伤口处极易被微生物侵染造成霉烂,影响贮藏时间及枣果质量。

2. 环境因素

　　(1)贮藏温度　一般随贮藏温度的提高,枣果的老化进程加快,因为温度越高呼吸强度越大。因此,在一定的范围内温度越低贮藏效果越好,但低于冰点温度时会产生冻伤。温度是影响鲜枣贮藏寿命的最重要因素。在室温 20℃～22℃、空气相对湿度 70%条件下贮藏 3 天,果实失重达 5%并开始皱皮,5 天后失重达 7%～8%,完全失去新鲜状态。而在低温和高湿条件下可抑制枣失水变软,贮期可显著延长。枣的适宜贮温为 -1℃～0℃

第十章 枣果实采收与贮藏

(2)环境湿度　鲜枣是一种极易失水的果品,且成熟度越低失水越快。枣外果皮有气孔,中果皮有气室,极易与外部发生气体交换。将其置于适宜的湿度条件下,控制果肉水分散发是贮藏保鲜的一项重要任务。枣在贮藏时的适宜空气相对湿度以 90%～95% 为宜。试验表明,用 0.03～0.06 毫米的聚氯乙烯打孔袋贮藏鲜枣具有良好的保湿效果。

(3)气体成分　适当降低氧气浓度,能抑制鲜枣果的呼吸强度,由于鲜枣对二氧化碳气体比较敏感,适当降低二氧化碳浓度,也能明显缓解果实呼吸和成熟的过程,人们利用这些原理对鲜枣贮藏保鲜,以气体调节方式,延长果实贮藏的时间。不同气体成分试验表明,高于 5% 的二氧化碳会加速鲜枣果肉的软化褐变。

(4)微生物作用　在枣果实成熟和贮藏的过程中,一些对贮藏不利的微生物会在特定环境条件下繁衍并侵入果体,成为果实软烂的重要原因之一。生产中为了防止因各种病菌的侵染而造成发病,多采用采前喷药和贮期灭菌的方法加以控制。

(5)其他因素　钙是构成水果细胞中胶质层的重要成分,钙处理可提高果实硬度和贮藏寿命。研究表明,采后立即用 2% 氯化钙浸泡郎枣,贮藏两个月时好果率比对照高 20%。但也有研究表明,用氯化钙浸果与对照相比并无明显的效果。

二、操作技能

(一)枣果的采收适期

不同用途的枣果采收适期的标准有所差异。

加工蜜枣用的枣果以白熟期为采收适期,这一时期枣果已经发育到固有大小,肉质疏松,糖煮时容易充分吸糖且不会出现果肉与果皮分离,制成品黄橙晶亮,半透明琥珀色,品质优良;以鲜食和加工乌枣、南枣和醉枣用的枣果,以脆熟期为采收适期,此期枣果色泽鲜红,甘甜微酸,松脆多汁,鲜食品质最好;加工乌枣、南枣能获得皮纹细、肉质紧的上等佳品;加工醉枣能保持良好的风味,还可以防止过熟破伤引起的烂枣。

制干用的枣果以完熟期采收为最适期,这一时期枣果已充分成熟,营养丰富,含水量少,不仅便于制干,而且制干率高,制成的干枣色泽光亮,果形饱满,富有弹性,品质最好。采收偏早的果实,未充分成熟,干物质少,含糖量低,制干率低,皮色泛黄,果形干瘪,品质差。

(二)采收方法

1. 手摘法 主要适用于鲜食和加工乌枣、南枣和醉枣等的枣果的采收。根据枣果的不同用途和其成熟度,进行手工分期采摘,并注意保留果柄,尽可能减少机械伤。手摘法虽然用工多,但可以保证鲜枣不受损伤,有利于提高枣果品质和贮藏效果。

2. 震落法 主要适用于制干枣果的采收。一般是用竹竿或木棍振荡枣枝,在树下撑(铺)布单接枣,以减少枣果的破损和捡枣用工。震落法容易造成树体损伤,采收时应注意木棒或竹竿应垂直击打大枝,以免打断侧枝、小枝和大量击落枣叶而影响养分的积累和翌年的产量。

3. 催落法 主要适用于制干枣果的采收。方法是在枣果采收前的5~7天,全树均匀喷洒200毫克/升乙烯利溶液。一般喷洒后两天即可见效,3~5天后果柄离层细胞逐渐解体,只留下维管束组织尚保持果实和树体连接。只要轻轻摇晃树枝,果实全部脱落,该方法可以大大提高采收工效。同时也避免对树体的损伤。采用此法时,一定要掌握好乙烯利浓度,当浓度超过350毫克/升时,枣叶即开始大量脱落。因此,为取得理想的效果,各地应根据当地的情况,先做小型的喷施时间和浓度的比较试验,从

第十章 枣果实采收与贮藏

而确定适于当地的使用时间和浓度。对于鲜食枣和果皮很薄的品种不适于使用该方法。

(三)枣果采后处理

1. 挑选和分级 鲜枣果皮薄,肉质嫩脆,多汁,含糖量高,稍有伤口极易引起病菌侵染而腐烂。另外枣果受伤后引起伤呼吸,加速果实酒软、衰老,因此必须严把采收关,做到适时,无伤,轻拿轻放。贮藏的枣果必须手工采摘,并注意保留果柄,及时剔除碰伤、病虫害及无果柄的枣果。另外,对挑选后的枣果,应根据果实大小、成熟度进行合理分级,以保证产品的整齐一致,也便于在不同贮期和依据不同用途进行销售。

枣果应根据其质量和用途进行分级,以满足不同用途的需要。不同的品种标准有所不同。一般枣果的分级可分为以下 4 个等级。

特级:果重较品种平均值大 20% 以上,且果个较匀,果实肉厚、表面无皱,色泽纯正无颜色不匀现象,无霉烂果、浆烂果,机械损伤果及病虫果小于 3%,含水率小于 25%。

一级:单果应达到平均果重或略高,果个均匀,果实饱满,表面基本无皱,色泽纯正,无颜色不匀现象,无霉烂果、浆烂果,机械损伤果及病虫果小于 25%。

二级:单果重略低于该品种重,不低于平均单果重的 10%,果肉较厚,表面皱褶较浅,色泽纯正,果色基本纯正一致,无霉烂、浆烂现象,机械损伤果及病虫果小于 25%。

三级:单果重低于该品种平均果重 10% 以上,果肉薄,皱褶深,果实颜色发黄,基本无霉烂、浆烂现象,机械损伤果及病虫果小于 25%。

级外果:单果重一般较小,果肉极薄,果色不一,大多为小果、皱果或杂烂病虫果。

2. 果实预冷 刚采收的鲜枣在贮藏、加工或运输之前，必须进行预冷，以除掉其带有的田间热和呼吸热，减少果实的腐烂，保持果实的新鲜度和品质。采后的鲜枣应在尽量短的时间内及时入库冷却，从采收到降温冷却的时间越短，鲜果的贮藏寿命就越长。降温预冷一般采用喷水降温或浸水降温等方法。

3. 包装 良好的包装可以保证产品的安全运输和贮藏，减少产品间的摩擦、碰撞和挤压造成的机械伤，减少病虫害的蔓延和水分蒸发。设计精美的销售包装也是商品的重要组成部分。鲜枣作为一种新型的水果，其独特的生理和形态特点比如呼吸旺盛、易失水，对二氧化碳、乙醇等气体敏感，果皮薄，不抗挤压碰撞等，决定了在包装的选择上应尽量采用纸箱，因为纸箱软有弹性，也有一定的强度，可抵抗外来冲击和振动，对果实有良好的保护作用。贮藏包装应视贮藏期长短和方式的不同选用塑料箱、木箱、纸箱等内衬薄膜或打孔塑料袋分层堆放等方式。容量不要太大，一般以5~10千克为宜。销售包装应选择透明薄膜袋、带孔塑料袋或网袋包装，也可放在塑料或纸托盘上，再覆以透明薄膜，既能创造一个保水保鲜的小环境，起到延长货架期的作用，也增加了商品的美观度，便于吸引顾客和促销。

4. 运输 枣果采收后从产地到销售地，从枣园到贮藏库，都要经过一段路程的运输，在运输中应尽量避免损失，做到安全运输。安全运输的要点是快装快运，轻装轻卸，防热防冻，远离污染源。

运输的方式很多，诸如铁路运输、公路运输、航空运输等。根据鲜枣的生理特性和货架期较短的特点，鲜枣运输应以公路和航空运输为主。运输实际上是一种动态的贮藏，运输的温、湿度条件最好能模拟贮藏的条件。如果运距较远，又考虑到降低成本，可考虑采用节能保温运输或低温运输的方式。节能保温运输是先将产品预冷到一定低温或经冷藏后用普通卡车在常温下进行运输，保持质量的关键是用有良好隔热保温作用的棉被或草帘等将产品包裹起来,以保证在运输过程中产品保持较低的温度。采用冷藏车低温运输是较先进的运输方式,能够保持产品的运输过程中处在一定的低温环境中,对保持产品的品质有不可替代的作用。不管采用哪种运输方式,均应考虑使用合理的包装和适当的码垛方式,以保证运输中产品的品质和质量。

(四)枣果实贮藏方法

枣果实营养丰富,含有比一般水果高 1 倍多的糖分及较多的蛋白质、脂肪、铁、磷、钙等物质,有很高的营养价值和食疗功能。近年来枣树生产发展较快,国内外市场对干、鲜枣的需求量日益增加。鲜枣采后在自然条件下存放,仅有几天的鲜脆期,果肉会很快软化变褐,干枣也有贮藏的问题。因此,搞好干、鲜枣贮藏,对减少采后损失、延长市场供应期、促进我国枣业资源开发和产业化、提高社会效益和经济效益都具有重要意义。

1. 鲜枣贮藏

(1)自发气调贮藏 选用 0.07 毫米厚的聚乙烯薄膜,制成 70 厘米×50 厘米的塑料袋,每袋精选鲜枣 15 千克。装枣时注意轻倒轻放,不要碰破,装好后随即封口。封口可用绳子扎紧,也可用熨斗热合,以热合密闭包装的贮藏效果最好。鲜枣装袋后贮放在阴凉的凉棚中。

(2)冷库贮藏 选 50%着色的鲜枣,放在容量为 0.5~1 千克的塑料袋中,袋侧打直径 3~4 毫米的小孔各 2~3 个,事先将选出的好果,在 2%氯化钙溶液中浸泡 30 分钟,移到温度为 0℃、相对湿度为 60%左右冷库内贮藏。冷库内贮藏鲜枣一般采用多层货架贮藏。在气调库条件下,采用塑料箱直接盛放枣果,勿须内衬塑料袋。装好果的箱应进行合理的码垛,垛与垛之间、垛与墙壁和顶棚间均应留出适当的通风道。

(3)冷冻保鲜贮藏 将鲜枣装入塑料袋内,每袋装1~2千克,包装后封口,包装时不要弄破内包装。数量大时,还需用木箱或编织袋,大包装的包装量也不要超过20千克。冷藏鲜枣,要随采、随选、随包装,及时入库冷冻贮藏(-15℃左右),冷冻后在0℃条件下保持冰冻状态。出库时需对冷冻枣果做复原处理,即将冷冻的枣果放在冷水中浸泡30分钟左右,冻枣即可恢复原状,并保持鲜枣的特有风味。

2. 干枣贮藏 方法比较多,常用的有缸藏、囤藏、棚藏等。这些方法程序简单,贮藏效果也比较好。缺点是如遇不良环境条件,枣果容易返潮,霉烂变质,虫蛀也严重,不适于长期贮藏。随着新技术的开发利用,近几年许多科研单位试验成功用塑料袋小包装贮藏和气调贮藏,具有投资少、技术简单、贮藏时间长、果实品质好、虫害发生少等多种优点。所以,各枣产区应根据当地实际情况,积极推广应用。下面简要介绍塑料袋小包装贮藏、气调贮藏、缸藏等方法。

(1)塑料袋小包装贮藏 选用0.07毫米厚的聚乙烯薄膜,制成40厘米×60厘米的包装袋,每袋装干枣4~5千克,抽出袋内空气,密封,然后置于干燥凉爽的室内即可。

(2)气调贮藏 适于干枣大量贮藏。即在库房中用塑料薄膜压制成大帐,充入氮气(含氮量保持在2%~4%)或二氧化碳,造成帐内无氧状态(含氧量小于8%),并放入石灰吸潮,贮藏效果良好。

(3)缸藏 适用于少量贮存,把无虫的干枣放在干净的缸内或者坛内,加盖,置于干燥凉爽的室内即可。为防止返潮,缸底、缸面可铺放生石灰或者干燥的草木灰吸潮。灰与枣之间用纸隔开。家庭贮存少量干枣,盛放于布袋中,放在室内干燥处,比缸藏更为方便安全。因为缸壁不透风,枣果容易在缸内吸潮,检查不及时,容易霉烂变质。

第十章 枣果实采收与贮藏

(4)屋藏 把干枣直接贮藏在干燥的室内、窑洞内。事先在贮藏室墙上钉一层箔席,地上用砖、秫秸捆支起 2～3 层箔作为枣铺,进行防潮,然后将枣堆贮箔上。

(5)囤藏 是在干燥的库房内设置席囤,囤底要垫砖铺箔隔离地面,把枣贮放于囤中。囤的大小和数量可以根据贮量调节,以便于管理和检查。贮藏期间要注意做到库内保持干燥,红枣的含水量不得超过 26%～28%。含水率指标是衡量是否耐贮的关键。另外还要注意防虫、防鼠。发现枣果返潮要及时晾晒。

思 考 题

1. 枣果实成熟分为哪 3 个过程?
2. 枣果实采收的方法有哪几种?
3. 枣果实一般分为几个等级?
4. 影响枣果贮藏保鲜的因素有哪些?
5. 鲜枣贮藏有哪些方法?
6. 干枣贮藏有哪些方法?

参考文献

[1] 解进宝,解秉旭. 枣树丰产栽培管理技术. 北京:中国林业出版社,1998.5.

[2] 高梅秀. 枣优新品种矮密丰产栽培. 北京:中国农业大学出版社,2001.9.

[3] 周正群. 枣冬无公害高效栽培技术. 北京:中国农业出版社,2002.1.

[4] 刘兴华,陈维信. 果品蔬菜贮藏运销学. 北京:中国农业出版社,2002.6.

[5] 张玉星. 果树栽培学各论(北方本). 北京:中国农业出版社,2003.8.

[6] 刘孟军. 枣优质生产技术手册. 北京:中国农业出版社,2004.1.

[7] 曹尚银,赵卫东. 优质枣无公害丰产栽培. 北京:科学技术文献出版社,2005.10.

[8] 张铁强,李奕松,邢广宏. 枣树无公害栽培技术问答. 北京:中国农业大学出版社,2007.4.

[9] 周俊义,刘孟军. 枣优良品种及无公害栽培技术. 北京:中国农业出版社,2007.6.

[10] 张志善. 怎样提高枣栽培效益. 北京:金盾出版社,2007.6.